幼儿心理学

主　编／陈帼眉
副主编／廖丽英

（第 2 版）

北京师范大学出版集团
BEIJING NORMAL UNIVERSITY PUBLISHING GROUP
北京师范大学出版社

图书在版编目(CIP)数据

幼儿心理学 / 陈帼眉主编. -2 版 .—北京：北京师范大学出版社，2017.1(2023.7 重印)

ISBN 978-7-303-21493-8

Ⅰ. ①幼… Ⅱ. ①陈… Ⅲ. ①婴幼儿心理学—教材
Ⅳ. ①B844.12

中国版本图书馆 CIP 数据核字(2016)第 265145 号

教材意见反馈　gaozhifk@bnupg.com　010-58805079
营销中心电话　010-58802755　58801876

出版发行：北京师范大学出版社　www.bnup.com
北京市西城区新街口外大街 12-3 号
邮政编码：100088

印　　刷：北京同文印刷有限责任公司
经　　销：全国新华书店
开　　本：787 mm×1 092 mm　1/16
印　　张：15
字　　数：345 千字
版　　次：2017 年 1 月第 2 版
印　　次：2023 年 7 月第 50 次印刷
定　　价：29.00 元

策划编辑：苏丽娅　张丽娟　　责任编辑：李洪波
美术编辑：陈　涛　焦　丽　　装帧设计：陈　涛　焦　丽
责任校对：陈　民　　责任印制：马　洁

前 言

“幼儿心理学”是幼儿保育与教育相关专业的基础课程，了解儿童心理发展规律与特点，是每一位幼儿教师、家长及与幼儿事宜相关的人都应该做到的。否则，幼儿教育的专业性将无从谈起。正因为有了对儿童心理的研究与认识，幼儿教育能够更加科学、更加理性的发展。当前学前教育存在的“小学化”倾向，其根本是人们对幼儿心理发展规律的漠视与不了解。

《幼儿心理学(第 2 版)》作为幼儿保育与教育相关专业的专业基础课教材，担负着落实立德树人的根本任务。落实立德树人应该体现在教育的方方面面，特别要体现在教材内容上。本教材不仅要向学习者传授专业知识，而且要努力使学习者在学习心理学这一专业基础知识的同时，能够具备良好的心理品质，并能够自觉肩负起立德树人的时代使命，成为影响下一代乐观向上、积极奋进的榜样力量。

与此同时，本教材还担负着影响学习者形成正确价值观的任务。教师在指导学生学习教材的过程中，不仅要使其理解和熟悉幼儿心理，而且要培养其关爱幼儿、理解幼儿和尊重幼儿的意识。如何让学习者在学习幼儿心理学的过程中树立起热爱生命、关心他人、尊重生命、尊重规律、热爱科学和服务他人、服务社会的意识和价值取向，是本教材编写和修订过程中特别关注的问题。

《幼儿心理学》第 1 版自 1999 年出版以来，一直在幼儿保育与教育相关专业领域里被广泛使用，对夯实学生的学前教育基础知识发挥了重要作用。随着心理学的不断发展，随着幼儿教师的专业性和职业道德成为社会突出关注的问题，我国学前教育界对了解儿童心理发展特点和实践要求的需求日益增长。特别是教育部于 2012 年 10 月印发《3—6 岁儿童学习与发展指南》之后，学前教育工作者、家长以及相关专业学生等对学前儿童身心发展规律的尊重意识日益提高，对儿童心理发展特点认识的需求也更加强烈，对幼教从业者的职业素养和职业道德也提出了新的要求。因此，修订本教材成为当务之急，以使教材能够及时体现新的心理学研究成果，并能与当前学前教育需求相呼应。

“幼儿心理学”作为一门基础课程，有着非常重要的现实需求和实践指导意义。本课程旨在使相关专业学生能够从基础入手掌握幼儿园保育与教育工作必需的心理学知识，具备运用幼儿心理发展的年龄特点、发展趋势等专业知识解决学前教育实际问题的初步能力，并引导学生喜欢幼儿，热爱幼儿，逐步树立热爱幼教事业的职业信念。

在此次修订中，编者重点丰富了学前儿童心理发展特点、特别是3～6岁幼儿学习心理特点和社会性发展特点与规律的相关内容。本书第2版仍分为四编十二章，由北京师范大学教授、博士生导师陈帼眉任主编，北京教育科学研究院廖丽英任副主编，倪敏、王明晖等参与编写工作。

在修订本书过程中，我们力求做到以下几点：

第一，突出“立德树人”这一教育的根本目标与任务。从引导学生树立正确的价值观、人生观入手，将专业知识讲解与师德培养相融合。

第二，突出心理学本身的目标与内容，从幼儿保育与教育相关专业学生的学习特点与能力的实际出发，知识讲解深入浅出、通俗易懂、突出重点，以有利于学生的理解、掌握；

第三，突出理论与自身反思、与实践活动的有机结合，做到与学前教育实际发展现状相呼应，尽量考虑学生适应未来实际工作变化以及新形势的需要。

第四，关注教材本身的思想性和时代性，使国家与社会在幼儿教育领域的新发展、新需求在教材内容上得到一定的体现。

第五，考虑本教材与相关学科以及实际教育工作的横向联系，教材尽可能将幼儿心理、学生自身心理、教师心理和家长心理等几方面，在幼儿教育的行为环境中统一起来，相互衔接，相互补充。

虽然本次修订考虑了一些实际的意见及发现的问题，但以上各点要求是否已经达到，幼教界同人是否认同，是否还有什么遗漏和不足之处，敬请读者和幼教同行惠予赐教，以便将来进一步改正和补充。

在这里我们要感谢对我们的教材给予支持的幼儿园一线教师、园长和教研员，通过与他们的学习交流和深入观摩调研，我们获得了更为贴近实际的案例和样本。

同时，我们也要感谢本书编辑的认真细致和高尚的职业道德，耐心地协助我们完成了这本《幼儿心理学(第2版)》。

我们衷心希望修订之后的教材能够对我国“学前心理学”以及“学前教育学”等课程的教学发挥更加有益的作用。

编 者

目　录

第一编　幼儿心理学的一般问题

第一编

幼儿心理学的一般问题

第一章
初识幼儿心理学

本章主要内容

1. 心理学的研究对象是什么?
2. 心理现象主要有哪些?
3. 影响幼儿心理发展的主要因素有哪些?
4. 各种因素是怎样影响幼儿心理发展的?
5. 学习幼儿心理学的重要意义是什么?

第一节　幼儿心理学的研究对象

心理学与我们生活、工作的关系很密切。幼儿心理学在现代幼儿教育中具有非常重要的意义。因此，现代幼儿教育将理解幼儿发展特点与尊重幼儿身心发展规律等问题放到了首位。

现代科学技术的发展使心理学更加成熟起来，并逐步渗透到我们生活的方方面面。幼儿期，是一个人心理发展的重要时期，各种心理现象在这一阶段都有明显的发展。幼儿的心理发展有自己的独特性，在我们了解幼儿心理之前，必须先知道什么是心理以及我们都有哪些心理现象。

一、心理现象与心理

想一想你在平常的各种活动中都有哪些心理表现？
你知道心理是怎么一回事吗？

（一）什么是心理现象

我们在生活中时时刻刻都有心理现象。我们处于清醒状态时，会体验到自己的感受，能认识和辨别许多事物；在与别人交往中，有的人大方热情，有的人胆小拘谨；在工作学习中，有的人一丝不苟、聚精会神，有的人心神不定、马马虎虎……这些都是人的心理现象。我们对心理现象既熟悉又陌生。说它熟悉，是因为我们离不开它，天天在感受它；说它陌生，是因为我们还没有系统地认识这种复杂的现象。心理现象的复杂性包含了许多非常有趣的、值得不断探索的问题。恩格斯曾把这种丰富多彩、复杂有趣的心理现象誉为“地球上最美丽的花朵”。对心理现象及其规律的研究是心理学的主要内容，心理现象是个体心理活动或与他人交往所表现出来的心理特征，属于主观精神现象。人的心理现象可以划分为以下三个部分。

1. 动机

动机就是指推动人的活动并使活动朝向某一目标的内部动力。

人的一切活动，无论是简单的还是复杂的，都是在某种内部动力的推动下进行的。例如同学们学习非常努力是为了学到本事，为今后适应社会，做好工作，或是觉得某一学科非常有趣，能满足好奇心等。幼儿活动的动机很多是出于对某些事物的兴趣。例如，幼儿玩小汽车，其动机是对开汽车这一过程感兴趣，他并不是想把“汽车”真的开走。又如，幼儿把自己的画拿给成人看，其动机可能是为了得到成人的称赞。幼儿的每个行为都有一定的动机，分析这些动机，有助于我们了解幼儿，为幼儿提供更符合需要的活动条件。

动机的基础是人的需要。需要不同，动机的性质也不同。人饿的时候要吃东西，渴的时候要喝水；人有交往的需要和取得成就的需要；人还有认知的需要，如幼儿想知道大自然是怎么回事，幼儿见了很多东西都会问为什么；人也有审美的需要，如幼儿喜欢色彩鲜艳的玩具等。可以说，人的动机就是在各式各样需要的基础上产生的，各种动机影响大小也各不相同。

实验 1：用右手的食指拉砝码

将被试分为三个不同需要的组。第一组，只让被试拉砝码，没有任何要求，使被试没有特定需要；第二组要求表现自己的最高能力，被试产生表现自己最高能力的需要；第三组告诉他们拉砝码与某种重要的社会任务相关(如拉力越大，输电能力就越大，这样就与民用住宅的用电效果有明显的关系)，被试产生为了完成重大社会性任务而工作的需要。实验结果见表 1-1。

表 1-1　不同动机下所完成工作的平均指标

为了完成重大社会性任务	无特定动机	为了表现自己最高能力水平
100	150	200

实验结果表明，不同性质的动机对活动的推动力不同，完成工作情况也不同。

实验 2：为别人制作小旗

实验用两种不同理由要求幼儿完成制作小旗的任务，一种是要求幼儿为小朋友制作小旗；另一种是为妈妈制作小旗。实验结果表明，不同动机下，完成任务的情况不同(见表 1-2)。幼儿能够接受任务，产生为小朋友制作小旗的需要，但不能产生为妈妈制作小旗的需要，他们认为："妈妈不要小旗。"由于缺乏为妈妈制作小旗的动机，完成任务的情况很差。

表 1-2　不同动机下幼儿完成制作小旗的任务

年龄组(岁)	为小朋友制作(%)	为妈妈制作(%)
3～4	78.6	0
4～5	100	14.4
5～6.5	100	20

2. 心理过程

我们在清醒状态下，时时刻刻看到各种东西和听到各种声音，闻到各种气味，这是人的感知觉。人对事物的认识开始于感知觉，我们看见的东西在头脑中并不马上消失，它会保留一段时间，当我们需要的时候随时能再次出现在头脑里，如我们还记得小学老师的音容笑貌，还能想起以前见过的万里长城的宏伟雄姿，初中学过的很多知识在我们需要的时候还能想起，这就是又一种心理过程——记忆。我们不仅能直接感知和记住眼前的事物，还能认识无法接触的事物，如可以推测 2000 年以前孔子的生活方式，可以推测为什么某个幼儿今天没有来，有经验的农民还能根据燕子低飞来判断天气的情况等，这些表现了人的重要心理过程——思维。我们还能想象日后的工作情景，吴承恩根据想象创造了孙悟空和猪八戒等生活中根本没有的形象，这是另一种心理过程——想象。我们在感知觉和思维、想象的时候，都要集中注意，注意是与心理过程相伴随的。

感知觉、记忆、思维、想象等是人心理现象的重要方面，就是人对事物的认识过程，认识过程是人最基本的心理过程。

人在认识事物的过程中，不仅认识事物是什么或怎么样，还总是抱有一定的态度，对事物产生喜欢、厌恶、高兴或悲伤等情绪、情感。例如，幼儿一见到妈妈就特别高兴，而一见到大夫就害怕。心理学将喜、怒、哀、乐、悲、恐、惊等体验称为情感过程。情感是非常重要的心理过程，积极的情感引起我们活动的积极性，使我们锐意进取，乐观向上；而消极的情感则会使我们热情降低，意志消沉。

人在认识事物或活动过程中，能够控制和调节自己的行为，通过努力达到预定目的，心理学上将这种心理活动称为意志过程。

所以说人的各种心理现象都表现为一定的过程，上述提到的认识过程、情感过程和意志过程都是心理过程。

3. 个性

个性是指一个人的整体心理面貌，即一个人在一定的社会条件和教育影响下经常表现出来的，比较稳定的心理倾向和个人特征的综合(高玉祥)。

个性一词来源于拉丁语的“Persona”，原指演员戴的假面具，后引申为能独立思考、有自己行为特征的人，即真正的人本身，也可译成人格(高玉祥)。每个人的遗传基因不同，生活环境不同，所受教育不同，心理活动也就表现出差异。“人心不同，各如其面。”心理的个别差异是相对稳定的，而且是经常出现的。如有的幼儿积极热情；有的幼儿沉静文雅；有的幼儿眼疾手快；有的幼儿反应迟缓，每个人都是不一样的，这些就是个性心理特征的表现。

个性心理特征包括能力、气质和性格三方面。例如，在一个班里，有的同学语言表达能力特别好，而有的同学心里明白却说不出来；有的同学理解力强，而有的同学则理解力弱，这就是能力不同的一些表现。再如有的同学活泼好动，有的同学则喜欢安静；有的同学行动迅速，有的同学则行动迟缓，这些都是气质不同的表现；我们还可以看到有的同学比较勇敢坚强，有的同学则比较胆小懦弱；有的同学勤奋向上，有的同学则比较懒惰消沉，这些都是性格不同的表现。能力、气质和性格等个性心理特征形成了每个人的独特心理表现。幼儿也是如此，每个幼儿的心理活动都存在明显差异。

因此，在教育中，我们要针对每个幼儿的心理特征因材施教。

(二)心理的实质

人的心理现象的实质究竟是什么呢？人们经过漫长的研究发现，心理的实质就是人脑对客观现实的反映，体现在下列三个方面。

1. 心理活动是人脑的机能

心理活动是由于大脑活动而产生的。脑医学研究发现，一些人脑部受伤或发生病变后，他们的心理活动便出现异常，如不能思考，痴呆，记不住东西等。脑科学证明，心理活动与大脑有着非常密切的联系。没有大脑便没有心理，大脑出现障碍必然会影响心理活动。

幼儿正处于大脑的发育阶段，要保护幼儿的大脑，为幼儿大脑发育提供充足的营养，使幼儿具备心理正常发展的物质基础。

2. 心理活动是对客观现实的反映

客观现实是心理的内容与源泉。心理活动总是离不开我们的生活和所接触的环境，客观现实就是指心理以外的一切，包括大自然、各种社会生活条件和人的各种活动。人是幼儿生活的客观环境中非常重要的因素，幼儿周围的成人、同伴等对幼儿的心理活动、个性特征都有极大的影响。

幼儿园的活动天地越广阔，接触的事物越多，幼儿心理活动的内容就越丰富。由于幼儿正处于心理发展中，他们的选择和辨别能力还不强，需要成人为幼儿提供良好的客观环境，这是保证幼儿心理健康发展的重要条件。

3. 心理活动具有主观能动性

人的心理反映和镜子里的反映不同。镜子是被动地反映事物，原原本本地反映所照的事物，而心理对客观事物的反映是主动的。心理并不反映周围的一切事物，而是主动地加以选择。人的心理活动是有目的性的，对同样一个事物，每个人的心理反映各不相同。换句话说，每个人都有自己的观点和看法，如果把大脑比作一个心理加工厂，那么，客观现实就是这个加工厂的“原料”，但“原料”进入大脑这个加工厂是由每个人主动选择的。因此，进入大脑的“原料”不完全相同。

心理对客观事物的反映是带有主观色彩的。大脑在加工时，人的经验、与事物的关系和态度等特点，都会影响心理的反映。因此，每个人的心理反映也不会完全一致。例如，当读到范仲淹的名句“先天下之忧而忧，后天下之乐而乐”，每个人的心理反映是不相同的。又如，一个小黑点，有的孩子看后说像蚂蚁，而有的孩子说像芝麻，在成人看来那只是一个黑点。再如，对老师的厉声斥责，有的幼儿特别害怕，而有的就满不在乎。

人心理的主观能动性不但能反映外部世界，还能认识自己，能够支配和调节自己的行动，改造自己和改造世界。

既然幼儿心理活动有主观能动性，那就不能期望幼儿一字不差地反映教师所说的话，丝毫不走样地按教师所教的去做。了解每个幼儿的心理特点，是教育幼儿、引导幼儿活动的前提。幼儿心理的主观能动性处于发展的初级阶段，创造条件促进每个幼儿心理主观能动性的发展，是教师的职责。

二、幼儿心理的研究对象

幼儿心理发展是有规律的。

什么是幼儿心理学？幼儿心理学是研究幼儿期（3～6岁）儿童心理发展特点和规律的科学。幼儿心理发展是有特点的，如幼儿活泼爱动，思考问题具体形象等。

幼儿心理发展特点的形成和表现是有一定客观规律的。小班幼儿的自我意识水平很低，这是客观规律决定的，到了大班，经过培养，自我意识会发展起来，这也是客观规律的表现。

幼儿心理特点的形成受各种客观因素的影响，并按照一定规律起作用。幼儿心理学要研究客观因素，如生活环境对幼儿心理发展所起的作用和如何起作用，这样才能真正把握幼儿心理发展的特点。

幼儿心理学除了让我们知道幼儿的心理是“怎样的”和“为什么”之外，还告诉我们幼儿心理发展为什么会有个别差异，幼儿心理发展是在主动的活动中实现的，不能忽视幼儿心理活动的能动性。

具体讲来，幼儿心理学就是研究幼儿认识能力的发展特点、情绪情感的发展特点、行为活动的目的性和自我控制能力的发展，以及幼儿个性心理特征形成与发展的特点。研究幼儿的心理活动，掌握特点，可以为教育工作者的教育实践提供科学的心理学依据。

第二节 影响幼儿心理发展的因素

影响幼儿心理发展的因素多种多样，归纳起来主要有遗传和生理成熟因素、环境和教育因素等，现代心理学主要关注这些因素是如何对幼儿的心理发展产生影响的。

一、遗传和生理成熟因素

(一)遗传因素

遗传是指祖先的生物特性传递给后代的生物现象。人类祖先的生物特性主要是指那些与生俱来的解剖生理特点，如人体的形态、构造、血型、头发和神经等特征，其中神经系统的结构与机能对幼儿的心理发展具有重要意义。遗传特性也叫遗传素质。

遗传素质是幼儿心理发展的物质前提，幼儿正是在这种物质前提下形成了自己的心理。遗传作为基本的物质前提对幼儿的心理形成与发展有着非常重要的影响作用。环境和教育对幼儿心理的作用也在一定程度上离不开遗传的条件。有研究表明，即使具有优越的环境，先天生理障碍也会使幼儿智力发育迟缓，如一个天生失明的儿童，想要训练他掌握绘画的基本技能是很难做到的。

遗传对幼儿心理发展的作用主要表现在如下两个方面。

1. 遗传为幼儿心理发展提供最基本的自然物质前提

人类在进化的过程中，形成了高度发达的大脑和神经系统，这是人的心理活动最基本的物质前提。因为心理活动是大脑的机能，有了大脑，人的心理活动才能产生。正常的大脑和神经系统是幼儿心理发展的基础。

研究表明，黑猩猩在最好的训练和精心照顾下，其心理水平仍然很低级，是因为它只有动物的大脑和神经系统，而没有人的大脑和神经系统。这就决定了它永远也达不到人的心理活动水平。由此可以证明，正常的遗传素质是幼儿心理发展最基本的物质前提。

2. 遗传奠定了幼儿心理发展个别差异的最初基础

心理研究告诉我们，由于遗传素质不同，每个幼儿出生时的心理发展已经存在不同的可能性，具有各自心理发展特点的基础。英国心理学家西里尔·伯特为遗传与环境对人类智力的影响进行了一系列的调查研究。结果表明，同卵双生子有近乎相同的智力水平，而在一起长大的、没有血缘关系的儿童智力的相关性很小。有血缘关系的儿童智力的相关性则依家族谱系的远近程度和生活方式的接近程度而变化，其中同卵双生子的相关性最高(见下图)。

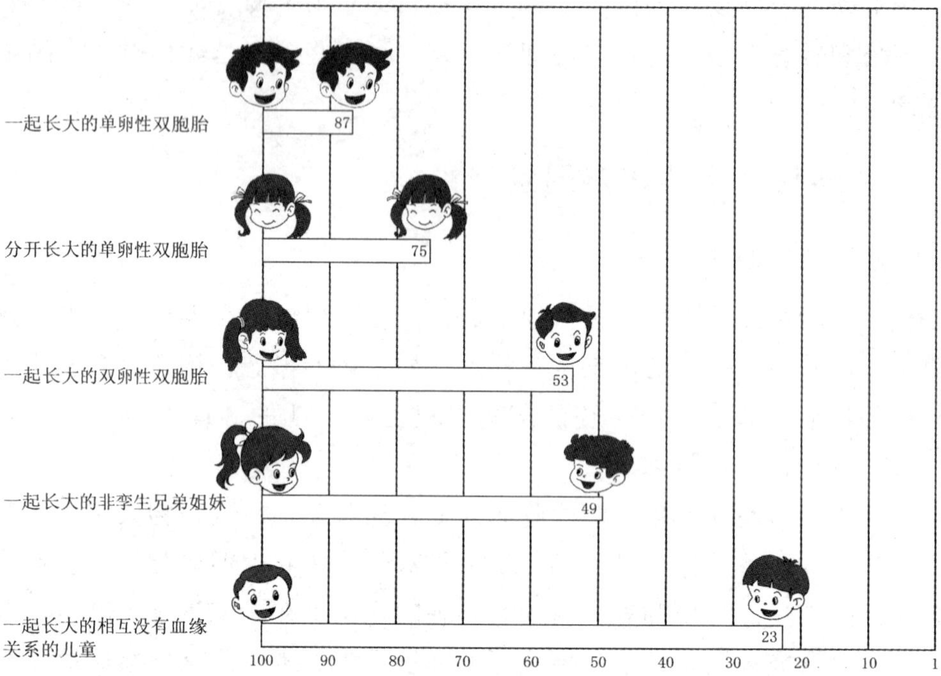

双胞胎、兄弟姐妹和相互没有血缘关系的儿童的智力关系

（资料来源：A. 沙因费尔德：《你的遗传和环境》，费拉德尔菲亚·利平科特，1965）

每个幼儿都具有自己的遗传素质，不同的遗传素质是幼儿心理发展与活动差异的基础，这也是因材施教的心理学依据。

(二)生理成熟

生理成熟是指幼儿身体生长发育的程度或水平。幼儿的生理成熟或发展是有一定顺序的，如幼儿头部发育最早，其次是躯干，再次是上肢，然后是下肢，幼儿动作发展的顺序是先会抬头，然后会翻身，再会坐，会爬，会站，最后才会用腿走路，先发展臂部动作，后发展手指动作。

生理成熟的顺序性为幼儿心理活动的出现与发展的顺序性提供了基本前提。譬如，孩子没有学会坐、爬、站，他就不会走路。幼儿不是生下来就会说话的，需要在生理发育成熟时，即 1 岁左右才开始说话。

幼儿生长发育的速度也服从一定的规律。总的来说，婴幼儿期，生长发育很快，以后会减慢，到了青春期，又出现一个迅速生长的阶段。在此基础上，婴幼儿的心理发展也很快。由此说明，幼儿心理活动的产生与发展是在一定生理成熟的基础上实现的。

生理成熟在一定程度上对幼儿心理发展起制约作用。美国心理学家格塞尔著名的双生子爬楼梯实验证明，人的生理成熟对幼儿学习技能有明显的制约作用。双生子 T 和 C 在不同年龄开始学习爬楼梯。先让 T 在出生第 48 周起开始接受爬楼梯训练，每日练习 10 分钟，连续 6 周；而 C 则在出生后第 53 周才开始学习，比 T 晚 6 周，C 仅训练了 2 周就赶上了 T 的水平。这个实验说明，提前学习对孩子并没有多大作用，因为他的生理成熟还没有达到所需要的水平。技能的学习在某种程度上依赖于幼儿生理的成熟水平，幼儿的心理发展依赖于幼儿大脑与神经系统的成熟程度。脑和神经系统的成熟是幼儿心理发展最直接的自然物质基础。

关键期是与生理成熟有关的问题。许多心理学家发现，幼儿早期动作、语言发展与他们的生理成熟具有一定的相关性。当某种生理机能达到成熟水平时，幼儿获得心理能力的时机就到来。认识和掌握幼儿不同生理成熟的时机，有利于把握幼儿心理发展的契机，即幼儿心理发展的关键期。关键期是由奥地利生物学家劳伦兹提出的。它是指个体成长的某一段时期，其成熟程度恰好适合某种行为的发展；如果失去或错过发展的机会，以后将很难学会该种行为，有的甚至一生难以弥补。研究表明，在出生前几年幼儿被剥夺了语言学习的机会，以后他的语言发展将出现困难。因此，应该了解和抓住幼儿心理发展的关键期，对幼儿进行相应的教育。

二、环境和教育因素

环境对幼儿心理发展的影响是毋庸置疑的。环境是指幼儿周围的客观世界，包括自然环境和社会环境，阳光、空气、水和花草树木等是保证幼儿身心健康发展的自然环境因素。幼儿所处的社会、生活水平、生活方式、家庭状况等都是影响他们心理形成与发展的社会环境因素。教育作为社会环境中最重要的因素，在一定程度上对幼儿的心理发展水平起着主导作用。

环境对幼儿心理发展的影响，主要指社会生活条件和教育的作用。在不同的社会生活条件和教育条件下，幼儿心理发展会产生截然不同的结果。例如幼儿所处的家庭状况、父母的文化程度以及幼儿生活的不同社区等，都会产生不同的影响。研究表明，母亲照料孩子的方式会影响孩子社会行为的发展，缺少关怀与照顾的收容机构对幼儿的发展是破坏性的。在那里，幼儿缺乏需要的伙伴，缺少与人交往的良好氛围，因而他们的心理发展受到限制。

幼儿园是幼儿生活、活动的重要场所。一些研究表明：在不同教育水平的幼儿园中，幼儿的认知发展能力也相应地有所不同；文化教育条件好的城市幼儿优于文化教育条件落后的乡村幼儿的认知发展水平；文化教育的差异是导致幼儿认知水平差异的一个重要因素。

归纳起来，环境对幼儿心理发展的影响作用主要体现在如下两个方面。

(一)环境使遗传素质和生理成熟为心理发展提供的可能性变为现实

遗传素质仅仅是物质前提，没有环境的影响，心理发展不可能转化为现实。例如，人出生时具有语言能力的遗传素质，但是否能学会说话，学会说什么语言，还要看生活环境。倘若孩子生长在广东，他可能会说粤语，而生长在内蒙古，就可能讲一口蒙语。也就是说，物质条件只不过提供了幼儿心理发展的可能，要形成一种心理特征还必须有环境的作用。

直立行走和说话是人类在遗传的基础上，生理成熟到一定程度所具有的能力，如果没有良好的环境作保障，这种遗传素质也不可能成为现实。如印度狼孩卡玛拉和阿玛拉从小被狼哺育，与狼生活在一起，他们都不会直立行走，不会说话，没有人的动作和情感，这说明环境是使幼儿遗传素质成为一种真实能力的条件。

(二)社会生活条件和教育是制约幼儿心理发展水平与方向的重要因素

孩子一生下来就生活在丰富多彩的世界里，他所生活的这个世界将使他成为一个具有某种特点的人。

1. 社会生活条件与教育水平影响幼儿的心理发展水平

我们可以比较明显地感到教育水平先进地区与教育水平落后地区的幼儿心理发展水平的差异。教育之所以能对幼儿的心理产生很大的影响，是由于教育是一种有目的、有系统地对幼儿施加影响的过程，它能更为充分而有效地利用各种因素促进幼儿的发展。例如在幼儿园，幼儿可以在教师的指导下开展活动，心理得到较好的发展。

2. 幼儿与成人的交往活动对心理的形成与发展具有极其重要的影响作用

人们常说父母是孩子的第一任老师。幼儿在与成人的交往活动中学到许多行为方式，形成自己的性格，这些对幼儿的心理特点有很大的影响。

3. 生活条件和教育条件是形成幼儿个别差异的重要条件

生活环境与教育条件对幼儿的心理发展有着重要影响，主要体现在以下方面。

(1)家庭。家庭的文化氛围、经济状况、单亲家庭与正常家庭、父母的教养方式等都对幼儿的心理发展产生重要的影响。

(2)幼儿园和社会托幼机构。幼儿在幼儿园里接触的老师、开展的游戏、活动等都对他们的心理产生不同的影响。

(3)电视、手机等各种媒体。比如电视中的人物行为会引起幼儿的模仿，同样也影响到幼儿社会观念的建立。密歇根大学对144组家庭1～3岁的幼儿研究发现，过早使用平板电脑不利于他们自控情绪。[①]

三、幼儿心理和幼儿活动

（一）影响幼儿心理发展的因素

影响幼儿心理发展的因素不仅有遗传、生理成熟、环境及教育等客观条件，而且有幼儿自身的心理活动、积极性和主动性等主观因素。我们不能把幼儿的心理发展看成自然发展的或可以随便影响的，不可忽视幼儿自身的能动性。幼儿心理的发展过程是一种积极主动的过程。在遗传、环境的作用过程中，幼儿本身也积极地参与并影响自身的心理发展。

幼儿年龄越大，主观因素对他的心理作用也越大。幼儿受外界的影响是有自己选择意向的。随着幼儿主动性的发展，幼儿对他所处的环境会给予评价并主动加以选择。影响幼儿心理发展的主观因素包括幼儿的全部心理活动，具体说有幼儿的需要、幼儿的兴趣爱好、幼儿的能力、幼儿的性格及行为习惯、幼儿的自我意识等。其中最为活跃的是幼儿的需要。因此，在为幼儿提供活动的时候，要考虑是否适合幼儿的需要。游戏是幼儿最基本、最需要的活动，因而幼儿在游戏活动中心理活动的积极性最高。

可以这样说，幼儿是有自我力量的积极活动者。从这一心理观念出发，我们必然会树立一种幼儿观，即尊重幼儿，理解和认识幼儿的兴趣、爱好，鼓励幼儿主动探索和积极活动。兴趣和爱好是影响幼儿心理发展的重要因素。兴趣能调动幼儿心理活动的积极性。幼儿感兴趣的活动，积极性比较高，活动的时间也比较长；反之，则注意力不集中，活动不能持久。

能力对幼儿的需要、兴趣和爱好都有一定的影响。太难或太简单的活动都不能引起幼儿的活动兴趣和活动积极性。因此，要想引起幼儿的兴趣，必须组织在幼儿能力范围之内的活动。

性格也是影响幼儿心理发展的因素。反应快、易冲动的幼儿较喜欢进行多变的活动。安静、行动迟缓的幼儿则较为有耐心，能够坚持较长时间做较为细致的工作。性格开朗的幼儿受指责后很快就会忘掉，活动积极性仍然很高；而性格内向的幼儿受到批评后，活动的积极性很长时间不能恢复。

总之，幼儿自身的各种心理活动对幼儿的心理发展具有非常重要的影响。

（二）幼儿的活动

幼儿的心理是在活动中形成和发展的。幼儿的活动主要包括对物的操作

---

① 《英国每日邮报》，2016年2月29日。

活动和与人的交往活动。对物的操作活动使幼儿的心理获得了非常有意义的发展，幼儿就是在摆弄各种各样物体的活动中认识物体的形状、大小、颜色、质地和功能的，如幼儿对黏土、颜料、水、沙子和木头的操作，可以发展观察力、好奇心和积极的创造性，从而形成和发展认知能力。幼儿是爱模仿的，模仿是幼儿的一种活动方式，幼儿通过模仿活动学习操作物体的技能，认识事物的特点，逐步积累心理经验。幼儿在与他人的交往中发展社会性，同时也逐步形成自己的个性。通过与别人一起游戏，幼儿可以学会为共同的目标与他人合作，并能了解别人的想法和情感意识。

由此可见，活动是促进幼儿心理发展的有效途径。重视幼儿的各种活动，尤其是幼儿的游戏，对幼儿的心理发展具有极为重要的意义。

综上所述，影响幼儿心理发展的因素是比较复杂的，各种因素所起的作用也是相互影响，共同作用的。各种因素在不同的情况下对幼儿的影响因人而异。遗传与环境对幼儿的心理形成与发展都极为重要，而这些因素的影响是通过幼儿自身的心理活动来实现的。在实践中认真看待影响幼儿心理发展的因素，仔细分析，根据不同幼儿、不同情况考虑问题是教师必备的态度。

第三节　学习幼儿心理学的意义

一、学习幼儿心理学的现实意义

我们为什么要学习幼儿心理学？

通过对心理学和幼儿心理学的初步了解，你也许已经感到了解幼儿的心理是必要的，甚至感到幼儿心理也是很复杂的。的确，当你真的去接触幼儿的时候，你就会感到很多现象不是那么简单，很想知道“为什么”？如一位年轻老师刚到幼儿园工作，她很喜欢孩子，孩子也很快和她亲近起来。但当她组织孩子活动时说：“小朋友，我们拉一个圆圈做游戏，好吗？”孩子们都很高兴。顿时，许多只小手争着伸向老师，而且谁也不肯让开，圆圈拉不成了。你知道小朋友们为什么这样吗？因为孩子们觉得和新老师拉手才好呢！所以他们都不愿意与小朋友拉手。

上面的实例说明，如果不了解幼儿的心理特点，就难以更好地与孩子相处。要教育幼儿，就应该了解他们。教育部2012年10月15日印发的《3～6岁儿童学习与发展指南》就是让成人特别是教师和家长在教育孩子时要了解和尊重3～6岁儿童身心发展的特点与规律，要珍视游戏和生活的独特价值。如何实现这一教育要求呢？学习幼儿心理学的意义和价值就显而易见了。因此，学习幼儿心理学能够科学地了解幼儿心理发展与学习的特征与规律，从而获得科学的幼儿教育方法；学习幼儿心理学能够运用科学有效的教育手段促进幼儿的学习与发展，并有效控制与干预幼儿心理成长与学习过程中遇到的种种问题。

具体来讲，学习幼儿心理学的现实意义体现在以下几点。

(一)学习幼儿心理学有助于了解幼儿心理的特点，走进童心世界

能否科学有效地指导幼儿活动，前提之一就是要了解幼儿的心理特点。幼儿教育的对象是处于幼儿阶段的孩子，他们的心理活动是非常有趣而且独特的。比如，让幼儿判断下列问题：有两个孩子，一个帮妈妈洗碗打破了十个碗；另一个偷吃东西打破了一个碗，问这两个孩子哪个不好？幼儿的回答是，前面那个孩子不好，因为他打破的碗多。为什么幼儿会认为帮妈妈洗碗时打破十个碗的孩子不好，而偷吃东西打破一个碗的孩子还好些？类似这样的许多问题，通过学习幼儿心理学都可以有所了解。

(二)学习幼儿心理学，有助于树立正确的儿童观

进入儿童的世界，你就会觉得孩子的内心充满了许多特殊的东西。儿童与成人是不一样的，他们的心理特点是属于自己的。3～4岁的孩子与5～6岁的孩子心理活动不一样，当然他们也同小学生不一样。幼儿心理学会让我们明白，幼儿有许多可爱的特点，我们不能用成人的标准去要求幼儿，不能将他们当作小大人。学习幼儿心理学之后，你就知道应该如何看待幼儿，如何正确对待幼儿，尊重幼儿，形成正确的儿童观。

(三)掌握幼儿心理特点和规律，有助于做好幼儿教育工作

幼儿教育工作是以了解幼儿的心理特点为基础的。例如，3岁的幼儿还不太会和别人一起玩，常常各玩各的，彼此没有什么联系。根据这种特点，对3岁幼儿的合作性活动不能要求过高，而应着重于引导和培养。幼儿教育在选择教育内容和方法时，要以幼儿的心理特点和规律为依据。学习幼儿心理学，还有助于我们更好地因材施教。幼儿心理发展中存在着个别差异性，了解幼儿的这一特点能够使我们真正从每个幼儿的特点出发，与幼儿进行积极而有效地交往，引导他们良好地发展。

(四)学习幼儿心理学，有助于为幼儿发展提供更加适合的环境

幼儿的心理正处于发展过程中，而幼儿的心理发展与周围环境有直接的关系。因此，理解与认识幼儿生活和游戏的环境的意义十分重要。通过学习幼儿心理学，我们会重视并能够为幼儿创造一个使其很好发展的环境。

二、学习幼儿心理学的理论意义

学习幼儿心理学会使我们体验到心理是怎么回事，可以从幼儿心理的研究中看到现代心理学的发展成果，这些成果也为学习辩证唯物主义哲学和普通心理学提供大量的理论依据。

(一)幼儿心理学为辩证唯物主义的基本原理提供科学依据

长期以来，人的认识是如何发生的这一问题一直是哲学界所关心的。幼儿心理学揭示了人的心理形成与发展的过程。这些问题的揭示，为人类认识的发生提供了积极的解释。幼儿的认识处于逐步形成阶段，分析幼儿心理特点有助于了解人的认识能力的发展历程。瑞士著名心理学家皮亚杰就是在研究人的认识发生时，从儿童的认识能力发生与发展的研究中获得累累硕果的，他关于儿童思维的研究为哲学界的发生认识论做出了巨大的贡献。学习幼儿心理学，也使我们进一步认识到意识(心理)是在外界环境作用下，在人脑物质中产生的。这有助于理解唯物主义的物质第一性，意识第二性的哲学命题。学习幼儿心理学可以帮助我们从辩证唯物主义的角度树立科学的世界观。

(二)幼儿心理学有助于我们反思自己的心理活动

学习幼儿心理学使我们能够反思自己的心理活动，正确对待自己的认识水平，学习调整自己的心态，了解自己所处的环境，也能够认识自己学习和活动中的主动性，分析自己的个性特征，从而为正确地看待自己、较好地适应环境提供帮助。

(三)幼儿心理学有助于丰富和充实心理学的一般理论

人的心理发展是一个连续完整的过程。人早期心理的形成与发展对人的一生都有影响，尤其是影响人的个性心理特征的形成。因此，幼儿心理学的研究成果对研究其他阶段的心理发展也有积极的意义。

幼儿心理研究的成果为普通心理学提供了资料。从这个角度看，幼儿心理研究也为心理学的整体发展做出了积极的贡献。

第四节　怎样学习幼儿心理学

一、抓住幼儿心理学的学科特点，掌握基本知识和基本概念

首先，幼儿心理学是研究幼儿阶段孩子的心理特点和规律，在学习幼儿心理学时一定要明确研究对象。幼儿心理发展阶段初期、中期和晚期的心理特点是各不相同的。因此，分析幼儿心理时要明确幼儿所处的时期，了解幼儿初期、中期和晚期的心理发展特点。

其次，了解和把握幼儿心理学这一学科的结构特点，获得本学科的总体概要。本学科是以介绍幼儿心理发展特点为主，从幼儿的认识发展特点到幼儿的情感发展特点，从幼儿的社会性发展特点到幼儿个性的形成与发展特点，较系统地阐述了幼儿心理现象的发展历程。本学科从幼儿初期到幼儿中期再到幼儿晚期不同年龄阶段的发展中，生动而具体地论述了各个幼儿发展时期的特点与表现。了解不同时期幼儿心理发展的特点，为我们理解幼儿心理学知识和规律，并对实际工作提供了帮助。

最后，掌握基本知识和基本概念。本学科内容丰富，论述具体，在学习的时候一定要把握学科的体系，了解基本知识点，如幼儿各种心理特点、心理发展规律，各种心理现象的相互关系及基本含义，要理解掌握基本概念，这是进一步学习幼儿心理发展特点的基础，是打开了解幼儿心理发展特点和规律的大门。

二、理论与实践结合，把观察、实验和理论学习结合起来

观察与实验是学习幼儿心理学的重要辅助方法。

幼儿心理的发展特点是在幼儿的生活与活动中表现出来的。对幼儿心理特点的了解，必须建立在对幼儿实际活动进行大量观察的基础上，结合实际观察，将会更加切实地体会和认识幼儿的心理特点。从幼儿的实际活动中学习、体会幼儿心理学，是学习这门学科必不可少的环节。

幼儿心理学的许多结论是在大量心理实验的研究中获得的，因此，实验法也是学习幼儿心理学的一个重要方法。如把等量的两杯水让幼儿比较，幼儿会得出什么样的回答，再把其中的一杯水倒入另一个大杯子进行比较时，幼儿的回答又会怎样。通过这些小实验，我们可以了解幼儿的各种心理发展水平。因此，根据书中的要求或提示，我们也不妨做一做小实验来体会一下结论。

总之，把理论学习与实际的观察、实验结合起来，会让我们感受到幼儿心理活动中非常有趣而独特的心理特征。

内容小结

本章主要介绍幼儿心理学的研究对象、人的心理现象和心理的本质含义。

本章阐述了影响幼儿心理发展的各种因素，诸如遗传素质与生理成熟、环境与教育、幼儿的活动等，从而使我们对幼儿心理的形成与发展有了初步的认识，为树立正确的儿童观奠定基础。

在此基础上，阐述了学习幼儿心理学的意义，从而认识到幼儿心理特点与实际教育工作的相互关系，同时也对怎样学习幼儿心理学提出了建议。具体内容如下：

(1)人的心理现象主要包括动机、心理过程和个性三个方面。

(2)心理过程包括认识过程、情感过程和意志过程。

(3)心理的实质是人脑对客观现实的能动反映。

(4)影响幼儿心理发展的因素主要有遗传素质和生理成熟、环境和教育以及幼儿自身的心理和幼儿的活动。

(5)幼儿心理学是研究幼儿心理发展特点和规律的科学。

(6)抓住幼儿心理学的学科体系和基本概念，将所学知识与实际相结合，观察幼儿的活动，是学习幼儿心理学的基本方法。

思考与练习

1. 名词解释

幼儿心理学　心理现象　心理过程

2. 影响幼儿心理发展的因素有哪些？它们都是如何发挥作用的？

3. 幼儿园是如何对幼儿心理发展产生影响的？

4. 在生活中观察一下人们都有哪些心理现象？并说明心理现象的内容。

第二章 幼儿心理发展年龄特征概述

本章主要内容

1. 幼儿心理特征是怎样的？
2. 1～3 岁的幼儿心理发展有何特点？
3. 幼儿在什么阶段动作逐渐发展完善？
4. 什么时候幼儿最爱模仿？
5. 幼儿是特别爱问问题吗？
6. 幼儿的学习特点是怎样的？

第一节 幼儿心理发展的一般特征

请观察一下幼儿都有哪些表现?

不同年龄阶段幼儿的心理表现是各不相同的，每一阶段都有其独特的心理表现，即不同的特征。幼儿心理年龄特征就是指幼儿心理发展的各个不同年龄阶段所形成和表现出来的一般的、典型的和本质的心理特征。幼儿心理发展有哪些一般的特征呢?

一、幼儿心理随年龄增长而逐渐发展

幼儿的心理发展与幼儿年龄的增长有着密切的关系，即使都在幼儿时期，年龄不同，心理活动水平也不相同。在幼儿园，小班(3～4岁)的孩子明显不同于中班(4～5岁)的孩子，与大班(5～6岁)孩子的心理水平就更不相同。这表明，幼儿时期心理的发展也显示出阶段性特征。但是要注意，我们只是说年龄与幼儿的心理特征存在着一定的关系，而不是说年龄决定幼儿的心理发展。

3岁的幼儿还常常听不懂老师的话，他们有时也说不清自己的意思，语言表达能力还比较低，4～5岁的幼儿已经能滔滔不绝地给你讲故事了，5～6岁的幼儿则能很有条理地叙述所见所闻，讲起故事来有声有色，还会恰当地停顿。

二、幼儿的认识活动以具体形象性为主，开始向抽象逻辑性发展

幼儿认识活动表现为具体性和形象性。幼儿在认识事物、理解事物时离不开对事物的直接接触，例如，幼儿说起"狗"，马上想到的就是他所见到的那条狗。幼儿认识活动的具体形象性，主要表现在如下几个方面。

(一)对事物的认识主要依赖于感知

幼儿在认识事物时，常常想摸一摸，还想好好看一看。他们通过看、听、摸、尝、闻等来感知、认识周围世界。幼儿如果拿着一个苹果，通过苹果的样子、颜色以及苹果的味道认识苹果的特性。如果单纯依靠语言向幼儿讲述一种他们从未接触过的水果，幼儿不能理解。

由于幼儿对事物的认识主要依靠直接的感知，因此，幼儿对事物的认识常常停留于事物表面现象，而不能认识事物的本质特点。

幼儿记住的事物也是依赖于对事物的直接感知，那些他们直接接触过的、形象逼真的事物容易被记住。幼儿常常对所记的材料不分析、不加工，只是按其外部的形象或特点来记忆。

幼儿的思维活动也离不开对事物的直接感知，例如两堆同样数量的扣子如图所示：

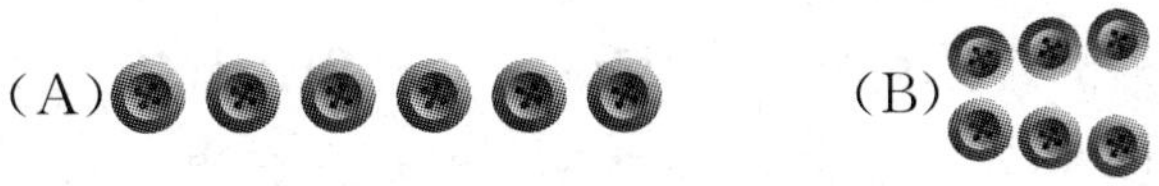

问幼儿哪堆多，哪堆少？很多幼儿会认为B图扣子多，因为他看到这堆扣子占了那么一大片地方，这说明幼儿的思维活动受事物具体形象的影响。

由此可见，感知在幼儿的认识活动中占有重要的地位，致使幼儿认识活动富有具体性的突出特点。

(二)表象活跃

当说到“天安门”时，虽然天安门不在眼前，但我们的头脑中会出现天安门的形象，这个形象是天安门的表象。表象是事物的具体形象在人脑中的映象。

表象虽然不是实际的事物，但它是直观的、生动形象的，因而表象也有具体性的特点。幼儿头脑中充满了具体形象的事物，例如幼儿在游戏角，看见两个相同的玩具娃娃，他们就在“娃娃家”游戏中加入了双胞胎，这是两个相同的娃娃引起了他们对头脑中双胞胎表象的联想。同样，小男孩拿着一个圆盘就会玩起“开汽车”，他也是依靠头脑中的汽车表象，虽然在原地坐着却“开汽车逛了全城”，玩得津津有味。

(三)抽象逻辑思维开始萌芽

思维的主要特点在整个幼儿期是具体形象的，但是5～6岁幼儿已明显出现了抽象逻辑思维的萌芽。例如，5～6岁的幼儿能根据概念对事物进行分类，如果给幼儿9张画有不同水果、餐具和衣服的图片，打乱后让5～6岁的幼儿分类，他们会很快把9张图片按三种概念(即水果、餐具、衣服)进行分类，而4岁的幼儿还不容易弄清楚水果和苹果这两个概念的关系。此外，5～6岁幼儿对比较抽象的概念、对事物因果关系的掌握等都有所发展，他们会说：“这个东西沉不下去，因为它是木头的，木头就沉不下去。”不像4岁的孩子只能从事物表面找原因，如问：“乒乓球为什么会漂起来？”4岁幼儿会回答：“因为它是白色的。”5～6岁幼儿初步的抽象能力明显发展起来，他们回答问题时，不单从表面现象出发，而能从较抽象的方面来推断事物的因果关系。

三、幼儿的心理活动以无意性为主，开始向有意性发展

幼儿的心理活动和行为常常没有目的，具有很大的无意性。

(一)认识过程以无意性为主

认识过程的无意性是指没有目的，不需要作任何努力，自然而然地进行。无意性是由外界事物的特点引起的，而且很大程度上受情绪所支配。认识过程中的无意性在幼儿的认识活动中表现非常突出，特别是表现于幼儿的注意、记忆和想象等心理活动之中。

颜色鲜明、形象生动的事物容易引起幼儿的注意。这种注意是无意注意，它是由于幼儿对事物感兴趣而引起的。幼儿对事物的注意以无意注意为主，幼儿在看卡通片、玩游戏时主要运用的是无意注意。他们往往不能自觉地或专门记住一些东西，而是在他们感兴趣的活动中不知不觉地记住，例如，专门让幼儿学一首儿歌，他们兴趣不高，老师要费很大的力气，效果也不一定很好；而幼儿偶尔听到一个特别感兴趣的词语，却能毫不费力地记住。

幼儿的想象也以无意性为主，尤其表现在幼儿的游戏、绘画和音乐感受活动之中。当幼儿拿到一根木棍时，一会儿把它当作马骑着奔跑；一会儿又把它当作注射器，给人打针。幼儿的想象变化是相当快的，变化往往由具体行动引起，事先没有任何预想。幼儿在画画中无意想象表现也很突出。

(二)情绪对活动的影响大，自我控制能力差

幼儿心理活动的无意性还表现在幼儿的心理活动易受情绪的影响。幼儿在情绪愉快的状态下，一般能够接受任务，坚持活动的时间比较长，任务完成情况比较好。反之，如果幼儿不愉快或处于恐惧、痛苦状态，活动效果就比较差。幼儿心理活动的无意性还表现为随心所欲，自我控制能力比较差。

(三)心理活动开始向有意性发展

随着幼儿年龄的增长和教育的影响，幼儿中期已能初步按成人的要求做事，到了5～6岁时，幼儿已能初步控制自己的行为，有目的地进行活动，心理活动开始向有意性发展。例如，老师让5～6岁的幼儿在家里把不用的食品盒收集起来做汽车等玩具，大部分幼儿会积极主动地收集，能够完成任务。5岁的孩子能在游戏活动之前提出一定的目的和计划，有意关注游戏活动过程，3岁的孩子则不能。

四、幼儿的情感由易变、外露开始向稳定和有意控制发展

（一）由情感易变化逐步向稳定方向发展

通过喜、怒、哀、乐等情绪、情感的表现，可以表达人的需要和愿望，也能够与他人进行交往。幼儿的情绪、情感表现很丰富，但是与成人的表现明显不同。成人心中有不快或非常高兴时，在一定场合下能够克制自己，而幼儿往往不能。就幼儿来说，年龄小的孩子情绪、情感变化比较大，而随着年龄的增长和教育的影响，5～6 岁的孩子情绪、情感逐渐稳定。如 3 岁左右的幼儿对同伴的情感是不稳定的，也没有稳定的同伴，而 5～6 岁孩子则相对稳定。

（二）由情感易外露、自我控制能力差向有意识地控制自己发展

幼儿是纯真的，他们的情绪、情感大部分是表露在外的，他们不会掩饰自己的情感。年龄较小的幼儿不会控制自己的情绪，常表现得比较冲动。到了幼儿晚期，开始能有意识地控制自己情感的外部表现，如有的幼儿遇到不高兴的事也能够表现得不那么明显，需要教师细心观察，否则，并不能像较小的幼儿那样容易被人了解。总之，幼儿随着年龄和教育的影响逐渐能够有意识地控制自己的情绪和情感。

五、幼儿的个性开始形成，向稳定倾向性发展

幼儿期是人的个性开始形成的时期，表现出初步稳定的个性倾向性。幼儿初期，还没有对他周围的人和物形成稳定的态度和行为方式，随着幼儿与他人的交往以及活动的发展，幼儿开始出现一些带有倾向性的心理特征。

（一）出现了初步具有一定倾向性的兴趣爱好

如自由选择活动时，有的孩子很喜欢玩积木，有的孩子则喜欢唱歌。幼儿初期，兴趣还不够稳定，易于变化，在随后的两三年中，幼儿的兴趣和活动特点出现了明显的差异。

（二）表现出较为明显的气质特点

幼儿出生时就已表现出一定的气质差别，到了幼儿期，这种气质特点表现更为突出，稳定性也逐渐增强。如有的幼儿活泼、灵活，有的幼儿则缓慢、呆板。

（三）表现出最初的性格特点

幼儿在活动与交往中逐渐形成了对人、对事和对物的态度以及相对稳定

的行为方式。如有的幼儿喜欢帮助别人，有的幼儿则只顾自己；有的幼儿爱护东西，有的幼儿则对东西无所谓；有的幼儿活动中积极主动，有的幼儿则需要不断提醒、督促；有的幼儿霸道独占，有的幼儿则随和谦让。

如果对幼儿的不良行为不及时给予教育，它们就会稳定下来，形成不良的性格特征，并对以后的发展造成非常不好的影响。

六、幼儿的社会性发展极其重要，是儿童健全人格发展的基础

幼儿的社会性发展是其社会性不断完善并奠定健全人格基础的过程。人际交往和社会适应是幼儿社会学习的主要内容，也是其社会性发展的基本途径。幼儿在与成人和同伴交往的过程中，不仅学习如何与人友好相处，也在学习如何看待自己、对待他人，不断发展适应社会生活的能力。

家庭、幼儿园和社会不仅对幼儿建立良好的亲子关系、师生关系和同伴关系有影响，并使幼儿在积极健康的人际关系中获得安全感和信任感，还对发展自信和自尊都有极大的影响。

幼儿可以在良好的社会环境及文化的熏陶中逐步学会遵守规则，形成基本的认同感和归属感。

幼儿的社会性是在日常生活与游戏中通过观察与模仿潜移默化发展起来的。幼儿的社会性也不是在成人生硬、简单的说教中获得的，幼儿非常关注并爱模仿成人的言行。①

第二节　幼儿心理发展的年龄特征

1 岁前孩子的心理是什么样的？
2 岁的孩子又是怎样的？
3 岁以上的幼儿呢？

在了解幼儿的年龄特征之前，让我们先来了解一下 3 岁前幼儿心理发展的年龄特征，以便更好地把握幼儿心理发展的来龙去脉。

① 注：《3～6 岁儿童学习与发展指南》。

一、3 岁前幼儿心理发展的年龄特征

(一)婴儿期(0～1 岁)

1. 适应新生活，认识周围世界，开始与人交往

幼儿出生后由胎内安全舒适的环境转向一个变化多端、充满刺激的全新的胎外环境，这是幼儿所面临的巨大变化。出生一个月的新生儿，首先必须适应环境，独立进行维持生命的活动，如自己吸吮吃奶。其次适应空气和温度的变化，接受外界光和声音等各种各样的刺激。

新生儿体重、身长都明显地增长。出生带来许多无条件反射活动，主要是食物反射和防御反射，如觅食反射，只要奶头触到新生儿的嘴边，他就会转头寻找；吸吮反射，新生儿一出生就能够吃奶；防御反射，当新生儿的鼻腔受到刺激时就会打喷嚏，眼睛受到刺激时就会眨眼。这些反射都是新生儿的本能，也与维持新生儿的生命有关。

新生儿出生后不久，即出现条件反射。比如妈妈把他抱成喂奶的姿势，他就做出吸吮反应，人后天学会的一切本领，都是条件反射。条件反射的出现，对新生儿适应生活有重大意义。

幼儿出生后能够逐渐注视进入他视野的物体。在第 2～3 周，出现集中听音的能力。当听到特殊的声音时，新生儿会安静下来。到了第 4～5 周，当成人说话时，他会停止吃奶，安静地注意听。

满月的孩子与成人的交往也开始发生了，当他看到人脸时会发出微笑，甚至会手舞足蹈起来。再大一些的孩子，明显需要与人交往，当人不在时，他会哭，有人陪伴时他就很愉快。

2. 动作不断发展

在婴儿的发展中，动作的发展非常重要，它与幼儿心理发展有密切的关系。在这一年中，幼儿的动作发展非常突出。

(1)从整体混乱的动作到局部的、准确的和专门化的动作。幼儿最初的动作多是手脚乱动，全身参与，而且是笼统的，不明确的动作，用手抓东西也是一把抓，不能用食指和大拇指捏住东西。随着婴儿长大，幼儿的动作才逐渐分化为局部的、准确的和专门化的。

(2)从上部动作到下部动作。从身体动作的发展顺序看，幼儿是先学会抬头，然后俯撑、翻身、坐、爬、站，最后学会走(见表 2-1)。

(3)由粗大动作到精细动作。幼儿的动作先出现的是大肌肉动作，如头部动作、躯体动作、双臂动作、腿部动作，最后才是手的精细动作，如手指

捏东西、拿筷子、握笔等。

(4)从无意动作到有意动作。婴儿的动作是无意的，当他做出各种动作时，既无目的也不知道自己在做什么。虽然婴儿碰到东西用手去抓，但他不能意识到自己在做什么动作。

表 2-1　1～3 岁幼儿动作发展表

顺序	动作名称	年龄(月)	顺序	动作名称	年龄(月)
1	稍微抬头	2.1	13	俯卧翻身	7.3
2	头转动自如	2.6	14	独坐自如	7.3
3	抬头及肩	3.7	15	给助力能爬	8.1
4	翻身一半	4.3	16	从卧位坐起	9.3
5	扶坐直立	4.7	17	独自能爬	9.4
6	手肘支撑胸离床面	4.8	18	扶一手站立	10
7	仰卧翻身	5.5	19	扶两手走	10.1
8	独坐前倾	5.8	20	扶物能蹲	11.2
9	扶腋下站立	6.1	21	扶一手走	11.3
10	独立片刻	6.6	22	独站片刻	12.4
11	蠕动打转	7.2	23	独站自如	15.4
12	扶双手站	7.2	24	独走几步	15.6

3. **心理活动的发生和发展**

(1)最初的认知活动。婴儿认知活动的发生突出表现在感知的发展和视觉、听觉的发展上。

婴儿的视线能够追随移动的物体，而且到了稍大一些，婴儿还能够主动寻找视听的目标。如一个漂亮的玩具出现时，他一直盯着看，如果成人将这个玩具拿走，他会东张西望寻找玩具；听到他不熟悉的小铃铛声，他也会寻找。婴儿正是在对事物的追随定向活动中来认识他所接触的世界的。在婴儿视觉和听觉活动不断发展中，开始能够分辨熟悉的人和陌生人。当不认识的人要抱婴儿时，他会辨认出来，甚至大哭，稍大一点的婴儿还会尽力挣脱。认生是婴儿认知能力发展过程中的重要变化。

在婴儿的认知发展过程中，婴儿的手眼协调动作开始发生和发展。他们不仅通过眼看、耳听来认识世界，而且也能用手去拿他自己看到的东西。最初婴儿看到物体时，还不会准确地去拿，手在物体旁边乱晃，却拿不到。稍大些，婴儿能够按照自己的视线去抓所看见的东西。这时婴儿的动作已有了方向和目的，即想拿的时候就能拿到。婴儿已能对物体的大小、形状产生知觉，婴儿有了深度知觉。

(2)掌握语言的准备。婴儿阶段，虽然语言还没有产生，但是已为说话做了多方面的准备。研究发现，婴儿对语言的刺激非常敏感，出生后不到10天的新生儿就能区别出语音和其他声音，并做出不同的反应。婴儿对语音的感知是幼儿语言发展的重要准备。6个月以后的婴儿喜欢发出各种声音，牙牙学语，反复嘟囔。7个月的孩子还会用不同的声音招呼别人。如东西掉在地上，他就会发出不高兴的叫声，示意别人捡起来。经过一段时间，婴儿开始能听懂一些词，当别人问“妈妈呢?”他就会把头转向妈妈，即语言理解能力初步开始发展。

总之，婴儿阶段是人的言语萌芽期，婴儿从理解别人说话和牙牙学语中为掌握语言做准备。

(3)情感的发展和最初的社会性萌芽。心理研究表明，婴儿的情绪发展很早就已经表现出来，最初的情绪表现主要是与婴儿的生理需要是否得到满足有关，如婴儿饥饿时就会哭闹，吃饱时则发出咿咿呀呀声。

婴儿的情绪逐渐分化，而且具有社会性的反应。婴儿在两三个月以后，就开始对与他交往的人做出选择，如婴儿很早就能辨认母亲的面孔。半岁左右，婴儿开始产生对他最接近的人的依恋。这种依恋表现为，当他最接近的人在身边时他就表现出愉快、舒适、有安全感；当他最接近的人要离开时，他会紧张哭闹，感到不安。

婴儿不仅具有表达情绪的能力，还有识别他人情绪的能力。日常生活中可以看到，10个多月的婴儿看到别人发怒时会表现出不安。

微笑是婴儿最初的社会性行为。通过微笑，他与成人进行交流，引起成人对他的积极反应。婴儿对成人的依恋和对成人的交往性微笑都是婴儿社会性发展的萌芽。正确对待婴儿的依恋行为，同婴儿积极交往，有利于孩子健康成长。

(二)幼儿前期(1～3岁)

1～3岁是幼儿学会走路、学会说话的一个重要时期。

1. **动作逐渐发展完善**

孩子1岁以后，各种动作比起以前有了明显的发展，会走路就是一种表现。

(1)学会自由行走。1岁左右孩子刚刚开始学步，走路还很不稳。2岁以后便能行走自如，并开始学习跑、跳和攀登等动作，动作仍然不灵活，比较缓慢笨拙，摔跤也是常有的事，但这时的孩子非常喜欢走路，通过锻炼，他们的行走动作很快就熟练起来。

(2)开始使用工具。1 岁以后，幼儿手的动作进一步灵活起来。他们能较准确地拿住各种东西；表演各种“舞蹈”动作，开始学习使用工具，如用勺子，端碗，拼插小玩具，使用手绢等。虽然动作不太精确，显得较为笨拙，但是，比起以前的动作来说是大大地向前发展了。有了这种使用工具的本领，孩子特别爱做事，爱模仿大人使用工具，大人用筷子吃饭，他也一定要用筷子。下面看看 1～3 岁幼儿手的动作发展顺序(见表 2-2)。

表 2-2　1～3 岁幼儿手的动作发展顺序

顺序	动作名称	年龄(月)	顺序	动作名称	年龄(月)
1	堆积木 2～5 块	15.4	8	折长方形近似	29.2
2	用勺外溢	18.6	9	独自用勺好	29.3
3	用双手端碗	21.6	10	画横线近似	29.5
4	堆积木 6～10 块	23.0	11	一手端碗	30.1
5	用勺稍外溢	24.1	12	折正方形近似	31.5
6	脱鞋袜	26.2	13	画圆形近似	32.5
7	串珠	27.8			

2. **出现新的心理活动**

(1)会说话。幼儿前期，语言能力有了突破性的发展。这时，孩子能够说出一些简单的词语和句子，对语言的理解水平也有了较大的提高。孩子最先理解的词是他经常接触的物体名称，如灯灯；其次是对成人的称呼，如妈妈、爸爸；再次是玩具和衣服的名称，如球球、帽帽等；还有对身体的称呼，如眼、嘴、手、耳等。

1.5 岁以前，幼儿的发音还很不准确，喜欢用叠音，如“帽帽”“车车”“手手”等。所说的句子也很不完整，常常以词代句或句子非常简单，如“没！没！”“妈妈要”之类。因此，只有常带他的人才能听得懂他说的话。

3 岁左右是幼儿掌握最基本的语音阶段。在与成人不断的言语交流活动中，幼儿的语言能力有明显的提高，在不知不觉中就能说出一千多个词语，而且也能说出一些较为完整的句子。

(2)想象开始萌芽。2 岁左右的孩子已经能够在操作物体的时候进行简单的想象活动。如拿一支筷子当作小提琴学着拉，嘴里还不时地哼哼着。想象活动的萌芽使孩子的游戏活动初露头角，如拿着娃娃就学着成人的样子拍娃娃睡觉。幼儿前期，表象的发生使孩子的认识活动出现了重大的变化，如妈妈不在眼前时他也会想妈妈。不像 1 岁以前的孩子，只是在妈妈出现时，他才要找妈妈。

(3)思维的出现。由于表象的出现，幼儿前期能根据已有的记忆表象对事物进行最初的概括和推理，如能够把性别不同、年龄不同的人加以分类，能把年纪大的男人称作“爷爷”，把小男孩称作“哥哥”，把小女孩称作“姐姐”等。2岁以后还能对一些简单的事物做出判断，如成人说：“天黑了，宝宝该睡觉了。”他会说：“月亮为什么不睡？”

这时幼儿的思维具有直观行动性，即边行动边思维。如抱着娃娃时，看见了小勺，他才会想到喂娃娃。

3. 独立性开始出现

2岁左右的孩子，由于开始能够独立行走，变得不那么顺从了。吃饭时弄得满脸满身，也不让成人帮一下，你不管他时，他又高高兴兴地乱吃起来。走路虽然还不稳，可你拉他一下，他是不干的，嘴里还说：“我自己，我自己。”这些都说明孩子独立性开始出现。独立性的出现是幼儿心理发展非常重要的一步，是人生心理发展成就的集中表现，也标志着孩子的自我意识开始出现。这时幼儿知道“我”和他人的区别，心理水平有了很大的提高。

二、幼儿心理发展的年龄特征

(一)3～4岁幼儿的心理发展特征

1. 生活范围扩大

幼儿3岁以后，在生活和活动上发生了重大的变化，他进入了一个新的社会环境——幼儿园。新环境对幼儿最大的影响是：从只和亲人接触的小范围扩大到有更多老师、同伴的大范围。对于没有进入幼儿园的孩子，由于活动能力的提高，他们也开始扩大活动范围，接触更多的人和事。

幼儿具备了扩大生活范围的条件。首先，幼儿的身体比以前更加结实、健壮，身高、体重明显增加；同时，3～4岁幼儿的活动精力更加充沛了。幼儿的睡眠相对减少，而神经活动的兴奋性却大大增强了。其次，3岁幼儿动作的发展已经比较自如，能够进行各种游戏活动。此外，3岁幼儿的语言能力已基本发展起来，能够向别人表达要求和愿望，与别人进行初步的交流活动。生活范围的扩大，引起了幼儿心理上的许多变化，使幼儿的认识能力、生活能力以及人际交往能力得到了迅速发展。

2. 认识依靠行动

3～4岁幼儿的认识活动往往依靠动作和行动来进行。3～4岁幼儿的认识特点是先做再想，而不是想好了再做。例如，一个3岁孩子拿着一支笔在乱画，画什么，他也不去想，他看见了自己的笔下出现了一个大圆圈，于是就说“我的苹果”。

3～4岁的孩子在听别人说话或自己说话时，往往离不开具体动作，如听到故事中说“小鱼游呀游”，他就把身子晃来晃去。

3～4岁孩子的注意也与动作联系在一起，如幼儿在玩插片玩具时，拿到一个黄颜色的，于是才注意到它，说，“咦！我有这种颜色的。”由于幼儿的注意很容易随着动作而分散，所以教师在组织3～4岁幼儿活动时，尽量减少孩子手中的无关玩具，如画画时，孩子手里就不应该随便拿着小汽车，这样容易分散他对画画的注意力。

3. **情绪影响大**

在幼儿期，情绪对幼儿的影响比较大。3～4岁的幼儿常常为一件微不足道的小事哭起来，这时你对他讲道理，他是听不进去的，如果用玩具或活动转移他的注意力，他会破涕为笑。

这时期幼儿情绪很不稳定，容易受外界环境的影响。孩子刚到幼儿园时总哭个不停，妈妈越不走孩子越哭。妈妈一走，老师带着小朋友玩游戏，他也就随着小朋友高兴地玩起来。可是不放心的妈妈如果再一露面，孩子又会马上哭起来，不让妈妈走。

3～4岁幼儿情绪还容易受周围人感染。刚入幼儿园的孩子很容易哭闹，如果有一个小朋友哭起来，其他的小朋友也会跟着哭起来。有时看见别人笑，他们也会莫明其妙地跟着笑起来。

总之，这个年龄阶段的孩子，行为往往受情绪的影响，易冲动。教师要善于理解、引导幼儿的这一心理特点。

4. **爱模仿**

3～4岁的幼儿模仿性很强，对成人的依赖性也很大。他们主要是模仿一些表面现象，如看见别人有什么，自己也想要什么。在小班的娃娃家里，有些小孩子看见别人当爸爸，他也要当爸爸，他们才不管家里有几个爸爸呢！幼儿还常常模仿老师，模仿老师说话的声调、坐的姿势等，所以老师的言传身教非常重要。

模仿是3～4岁幼儿的主要学习方式，他们通过模仿他人来掌握和学习别人的经验。如小班的小朋友在练习用剪刀剪小金鱼，老师表扬某个小朋友真能干，剪了三条小金鱼，结果许多小朋友都说：“我也要剪三条!”

由于3～4岁孩子爱模仿，所以在这个年龄，良好行为习惯的形成非常重要，它们常常是在幼儿的模仿下形成和巩固下来的。当然许多不良的行为习惯也会由于幼儿的模仿而形成，所以要谨慎对待幼儿的模仿。

（二）4～5 岁幼儿的心理发展特征

4～5 岁是幼儿中期，也是幼儿园的中班年龄。4～5 岁幼儿的心理较3～4 岁幼儿有很大的发展，主要表现如下。

1. 活泼好动

活泼好动是幼儿的天性，这一特点在幼儿中期表现尤为突出。4～5 岁的幼儿总是处于不停的活动中，他们明显比 3～4 岁孩子能动，能说，能跑。小班的孩子比较听话，顺从老师，活动量没有幼儿中期大。幼儿中期的孩子对什么都感到好奇，总是摸摸这儿，看看那儿，动作灵活，思维活跃。但他们的自我控制能力还不强，所以，这个时期的孩子表现为活动积极性极高，时刻处于活跃状态，不知疲倦，让老师觉得“不好带”，但他们更能表现出童趣。

2. 思维具体形象

具体形象是幼儿思维的主要特点。这一特点在幼儿中期表现最为典型，这时期的孩子主要依靠头脑中的表象进行思维，他们的思维是形象和具体的。例如，问幼儿：“床、桌子、椅子和被子这四种东西哪三种应该放在一起？”他们大多回答说：“床、被子和椅子放在一起。”因为被子放在床上，椅子放在床边，这是依照他们具体的生活经验做出的答案。

4～5 岁的幼儿思维具体形象性表现在多方面，从听故事到理解事物，从掌握数的概念到解决问题，都有一定的表现。例如，老师带孩子做新年贺卡，老师为了节约，用旧报纸做，做出的贺卡也很好。一位小朋友回到家里给妈妈做贺卡时也非要用旧报纸，妈妈给他白纸，他说什么也不肯要，他说，老师就是拿旧报纸做的。

3. 开始能够遵守规则

4～5 岁的幼儿已经能够在日常生活中遵守一定的行为规范和生活规则。如不在室内大喊大叫、追跑，遇到人多时学会排队，不乱扔东西等，还有进餐、盥洗和午睡中的生活常规。

在进行集体活动时，能初步遵守集体活动规则，如认真听别人讲话，不随便插嘴，发言举手等。

在游戏中，4～5 岁的幼儿已能理解一些游戏规则，与他人合作游戏时，能初步遵守游戏规则，在一定的要求下能做到不破坏游戏规则。幼儿规则意识的建立，有助于幼儿合作游戏的开展和游戏水平的提高，也有助于幼儿社会性的发展。

4. 开始自己组织游戏

游戏是幼儿的主要活动形式，4 岁左右是幼儿游戏蓬勃发展的时期，这个时期的幼儿不但爱玩而且也会玩。他们已经能够理解和遵守游戏规则，能够自己组织游戏，自己确定游戏主题。因此，中班幼儿的活动内容和活动目标都可以在幼儿的参与下共同制定。一旦定下来，他们能够自己分工，安排角色。

由于幼儿中期能够遵守一定的规则，所以这个时期幼儿的合作水平也开始提高。他们在共同的游戏中逐渐结成一定的同伴关系，初步学习与他人相处，幼儿的社会性也得到了进一步的发展。

(三)5～6岁幼儿的心理发展特点

1. **好学好问**

幼儿的好奇心都很强，但5岁以后幼儿的好奇心和以前明显不同，他们不再满足于了解表面现象，而是想要知道事物的原因，要知道为什么。他们有强烈的求知欲和认识事物的兴趣。这一特点的突出表现是，他们非常爱问各种各样的问题，而且一定要问个水落石出。如年幼的孩子会问："谁是好人？谁是坏人?"而这时期的幼儿不仅要知道谁好谁坏，更想知道"为什么你说他是好的"。

5～6岁的孩子认知水平有了很大的提高，他们非常喜欢智力活动。一旦学到一种技能或知识，他们就特别兴奋，见了谁就对谁讲。在一些智力活动中还能有较强的坚持性，如有的幼儿下象棋一直能坚持到底，还有的幼儿对认字感兴趣，竟然用小型积木拼摆出"警察"两个字，而且得意扬扬。总之，强烈的求知欲、好问好学是这个时期幼儿非常明显的特征。

2. **抽象能力开始萌芽**

5～6岁幼儿的思维仍然是具体形象的，但是初步的抽象逻辑思维也开始萌芽。幼儿已能够对事物进行分类，能对事物的关系做出判断并正确排出顺序，有了初步的顺序概念。如给他看几幅有情节的故事图，图的顺序被打乱，5～6岁的孩子能够对顺序做出判断，而3～4岁的孩子则不能。再如，5岁以后，幼儿就能够按照高一级的概念来进行分类，如交通工具、水果等，而4岁的幼儿还弄不清"车子"和"卡车"这两个概念的区别与关系。

5～6岁的幼儿已能够对事物做出简单的因果判断，如幼儿在手纸和厚布哪个沉得快的小实验中，发现手纸沉得比较快。为什么手纸轻却沉得快呢？有的幼儿对这一现象能做出正确判断，他会分析说："因为纸吸水快，所以手纸比厚布沉得快。"

3. **开始掌握认知方法**

5～6岁的幼儿已出现了有意地自觉控制和调节心理活动的方法，在认知活动方面，无论是观察、注意、记忆还是思维、想象等，都有了一定的方法。在观察图片时，他们不再是偶然看到哪就看哪，而是按一定顺序去看。

5～6岁的幼儿能够采取一定的方法帮助自己集中注意。如在幼儿园大班，有的孩子在某处看书时，发现这个地方很闹，他就会找个安静的地方，津津有味地看自己的书。

在记忆一些事物时，幼儿也会采取一定的方法。如在“跟读数字”测验中，幼儿一边听任务，一边默默地跟着念，有意地努力记住这些数字。

在解决问题时，大班幼儿会事先计划自己的思维和活动过程。如有大班开展了一个活动：怎样使班里某个住院的小朋友高兴。他们想出了许多办法，其中一个孩子说：“写封信，就说我们现在有很多好玩的游戏和玩具，让他快快治好病和我们一起玩。”但另一个孩子却说：“不行，让他知道我们有好玩具，他自己现在玩不成，他一定更难过了。”可见，大班孩子在解决问题的思维过程中也开始运用一定方法使问题得到更好的解决。

幼儿认知方法的掌握还表现在他们的绘画活动中，他们能够事先思考，“想一想再画”，也能够有意地去想象画面，进行构思。

4. 个性初具雏形

5～6岁的幼儿已对事物有了自己比较稳定的态度，如爱憎的态度比较明确，看问题也开始有自己的见解，有了一定的独立性。

在情绪上能够克制自己，情绪变化比以前要小得多。遇到不高兴的事时，会长时间闷闷不乐，但能克制自己不大哭大闹。这时他们的思想感情也不那么外露，有时还不易猜透他们的想法。

5～6岁的幼儿开始对自己的行为进行思考，有时对自己的行为产生顾虑。如有位老师在客人来参观之前，反复叮嘱大班幼儿要表现得好一些，结果有些孩子产生怕自己说不好的心理，一直很紧张。

由此可见，5～6岁幼儿的个性已经开始形成，并对以后个性的形成有着极大的影响，但幼儿的个性仍处于初步形成时期，可塑性还相当大，环境和教育都对个性发展产生极大的影响。

三、3～6岁幼儿学习的主要方式与特征

(一)幼儿学习的主要方式

幼儿学习的方式随着语言的发生及其在心理活动中作用的增长而有所变化。幼儿学习方式主要有观察模仿学习、操作尝试学习、语言理解学习等。幼儿对不同的学习内容会采取不同的学习方式。

1. **观察模仿学习**

观察是幼儿学习的主要方式。幼儿主要通过感官直接接触，即广义的观察学习，如视觉、听觉、触觉、嗅觉和味觉等。幼儿的观察学习常常与模仿相联系，模仿学习比婴儿要多得多。年幼的孩子主要模仿一些表面现象，4岁前的幼儿，别人做什么，他也要做什么。4岁以后幼儿的模仿开始逐渐内化。幼儿的模仿学习大量用于行为和态度方面。幼儿常常在无意中学习，特别是不自觉地模仿亲人和教师的举止行为，潜移默化的影响特别明显。

2. **操作尝试学习**

操作尝试学习是幼儿重要的学习方式，对物体的探究与发现，对周围世界的探索都离不开幼儿的操作活动。尽管2岁后幼儿的言语在不断发展，但操作活动，特别是实物操作活动作为幼儿主要的活动方式，重要性一点也没有减弱。

第一，操作活动是幼儿探索世界的主要方式。在操作、摆弄物体的过程中，幼儿会发现操作与物体之间的因果联系，这成为幼儿探索自身与物体、物体与物体之间关系的重要方式。如幼儿玩积木不但会增加其操作的乐趣，获得愉快感，而且能促进其对形状、颜色及图案等的学习和掌握，了解事物，把握物体的属性。

第二，幼儿的操作学习还可以弥补语言理解和表达的不足。比如，当幼儿不理解成人的讲解时，成人可以让幼儿跟随着某种动作来理解语言描述的内容；当幼儿不能通过语言来表达自己的思想时，他常常利用操作活动来辅助。例如，当教师只让幼儿想一想“把石头、塑料和纸放到水里会怎样”时，幼儿很难回答，他需通过操作活动才能直观地感受和思考。

第三，幼儿的学习很多体现在运用方面，而操作学习是提高幼儿运动技能最为重要的方式。在学习方式上，操作学习是以幼儿的动作来获得经验的学习，即“动作经验”，动作是学习的载体；而言语学习是通过幼儿对语词的理解与把握，学习的是“语言经验”，以语言作为学习的载体。在学习内容上，有些操作学习的知识、技能是言语学习无法获得的，比如学习舞蹈、游泳，甚至玩具、工具的使用，都要靠操作学习去掌握。

第四，操作学习会使幼儿获得成就感与自我价值感。在操作物体的过程中，幼儿通过自己操作活动，引发物体一系列变化，这不仅能促进幼儿对因果关系、事件相关关系的认识，提高其认识与智力水平，而且通过自己的主动操作活动获得主体经验，认识到自己在“改造”外部物体中的重要作用，比如，“是我上了发条，机器猫才能动起来。”操作活动可以增强幼儿的主动控制感和自我价值感。

操作学习作为学习方式，又可分为：

(1)手把手的操作。在学习一些运动技能时，需要使用这种方式。如握笔姿势、拿球拍的姿势等，均需要成人对幼儿手把手地教学。单纯观察或语言讲解不能使幼儿观察得细致，准确地把握动作。

(2)尝试错误的操作。幼儿在摆弄物体时，有自发的尝试错误性的操作，经过尝试错误，可以出现“顿悟”，获得某种学习成果。

例如，一个幼儿在玩沙子，他把沙子装到漏斗里，一边装，一边漏。他把手指塞到漏斗的底部，把漏斗堵住。漏斗里的沙子满了以后，他把漏斗放到一个瓶子上面，想让沙子漏到瓶子里，可是他的动作慢，沙子漏得快，沙子总是撒到瓶子外面，幼儿尽量加快动作速度，还是赶不上。突然，幼儿“开窍”了，他把漏斗直接放在瓶子上面，然后再装沙子，沙子很快就装满了瓶子。

(3)模仿示范的操作。跟着示范者的动作一步一步、一个动作一个动作地学习。

(4)反复练习的操作。幼儿在反复练习中，动作变得熟练，多次重复的动作会养成习惯。

3. 语言理解学习

语言理解学习，用于在成人讲解和指导下对行为与态度的学习。与婴儿相比，幼儿大量使用语言理解的学习方式，包括倾听、提问、对话等。与成人相比，幼儿的学习更多依赖从感性入手的方式，而不是从理性入手的方式；从归纳入手，而不是从演绎入手的学习方式。成人苦口婆心地讲解，幼儿常常听不进去。原因就是过多使用抽象说教的方式，或是从某一件事演绎推论的方式。

例如，有位实习教师这样谈到她所带的幼儿和她的指导教师，“和小毛头打交道真是很有道道，今天有个小家伙就是不肯吃饭，嘴巴一直闭着，我很生气，说话的声音也就大了些。带班老师走过来对我说：‘对他，你喊破喉咙都没有用的，来，我来。’只见她拿了个小凳子，轻轻地坐下来，对小家伙说：‘宝宝来，老师帮你吹一吹汤，宝宝很乖的，一定吃得又快又好。’没想到他的小嘴真就芝麻开门了。”

4. 综合性学习

幼儿的学习方式往往是综合性的，在某种学习活动中，兼有几种学习方式。特别是语言、观察和操作学习的结合。

活动是幼儿学习和发展的源泉与基础。幼儿在与周围环境相互作用过程中主动建构着自己的学习与发展，这种相互作用就是活动。幼儿作为活动的主体，积极主动地与周围环境中的人和物互动，感知周围事物，形成对人与物的基本认识与态度。幼儿的各种学习方式都离不开活动。活动对于幼儿发展所具有的重要意义，决定了幼儿教育必须以活动为主要教育途径，而非“教师讲授，幼儿被动听讲”为主的上课方式。将幼儿教育的本质定位于活动，就要求教师转变教育观念，调整自己的教育方式，积极为幼儿创设丰富的活动环境，支持并引导幼儿探索周围环境，允许幼儿根据自己的兴趣、以自己的方式作用于环境，帮助幼儿在活动中获得发展。

5. **交往中学习**

与成人、同伴的交往活动能促进幼儿多方面的学习与发展。

第一，交往能满足幼儿的认识性动机。交往对幼儿认知发展的价值在于：(1)帮助幼儿尽可能地扩大认知范围、加深认识程度，使之有可能提示事物和现象之间的因果关系。(2)促使幼儿认识到，周围事物与人类活动有关，学习并掌握人类正确地运用物体的动作，促进了实物活动的产生和发展。(3)激发幼儿言语的产生与发展。理解周围人的语言，掌握并积极地用语言与非语言方式与他人交流，是幼儿期最重要的发展与收获。幼儿语言理解能力和表达能力的形成与发展离不开成人提供的语言环境以及成人与幼儿的积极互动。

第二，交往能满足幼儿得到认可与支持的需要。幼儿需要成人的支持与关爱，成人的支持与肯定能使幼儿感到安全与温馨，有助于幼儿在安全的心理氛围中积极发现与探索。

第三，促进幼儿自我意识的生成。由于交往的对象不是一般的客观世界，而是有个性的人。因此，交往活动中对他人的主观反映(对他人的意识)，以及通过别人而形成的对自己的主观反映(自我意识)应该是交往的特殊产物。因为幼儿只有在社会生活中才能发现自己，才能意识到自己的个体性。

第四，交往能促进幼儿主动性与创造性的发展。与同伴的交往有利于促进幼儿主动性与创造性的形成。幼儿在与成人交往中，由于年龄、地位、知识经验等诸多方面的差距，其主动性通常带有一定的条件和局限性，而在与同伴交往中，则由于双方在知识经验、地位等方面的平等性，使幼儿意识到同伴的想法，考虑同伴的愿望，同时能自主评价同伴的意见，协调自己的愿望和行为来相互适应，这不仅有助于增强幼儿的交往能力，也有助于幼儿发挥主动性，克服自我中心化。

6. **游戏活动**

游戏是幼儿进行学习和发展社会性、情绪及认知能力的重要方式。游戏让幼儿有机会了解世界，在群体中与人互动，表达与控制情绪，发展想象力。维果茨基曾指出，有游戏才有发展，象征性游戏可以促进幼儿象征性能力的发展。游戏是幼儿练习新能力的舞台，它在幼儿学习中具有重要的地位与作用。

(二)幼儿学习的主要特点

1. 容易被扼杀的学习主动性

幼儿是主动的学习者，从直接接触的客体及社会经验中，从文化传承中，幼儿都会主动地建构他们对周围世界的了解。从出生开始，幼儿就积极地与客体交往，不断建构对事物的认识。幼儿会积极地从观察及参与人际活动中学习(包括父母、教师和同伴等的互动)，从亲自操作及思考过程中(观察周围的人、事、物、思考、提问及答案)学习。

幼儿主动学习表现为：

(1)好奇。对什么事情都想知道个究竟，了解是什么，为什么。事物的新颖性可以引起幼儿的学习主动性。

(2)对不了解的事情都要提出问题，甚至打破砂锅问到底。这一方面是受好奇心的驱动；另一方面是幼儿对提问没有心理障碍，不像成人那样有各种思想顾虑。

(3)好探究。幼儿好动手，通过动手了解事物。

(4)好模仿。幼儿喜欢模仿，通过模仿学习。

幼儿学习的主动性常常被忽视，甚至被扼杀。因为成人往往按照社会的要求或成人的理想和愿望去塑造孩子，为幼儿设计学习目标和要求。从成人的眼光看，幼儿在学习中主动性的表现，常常不符合成人的要求，所以有意无意地扼杀了幼儿学习的主动性。幼儿过多提问，大人忙于自己的事情，常常会表现出厌烦或随口乱答，也会打击幼儿的学习主动性。

例如，有一位妈妈讲了一次亲身经历：一天，在外面玩耍时，女儿做了一件自己十分满意的作品，她给我看过以后，要求我给她一个塑料袋，把作品装在里面，带回去给爸爸看。然后，她又要一根橡皮筋系住口袋。我对她说不用橡皮筋，直接在口袋处剪一下，就可以像手提袋似的提起来，很方便。她说不要，就要橡皮筋。我却一刀剪了下去，并且得意地递给了孩子。没想到，她一下把袋子同作品都扔到垃圾桶里去，随即跑去和小朋友玩了。

幼儿往往慑于大人的权威或被限制在成人的许多行为规则里，学习主动性多次被打击后，不敢大胆地表示自己的需求与愿望，不敢发挥自己的主动性。

在正确的教育和引导下，幼儿的学习主动性会逐渐增长，教师应当充分利用幼儿的学习主动性，在环境中设置能引起幼儿好奇心的事物，促进孩子去观察、学习与探究。另外，与幼儿朝夕相处的成人如果以身作则，会给孩子提供好榜样，例如，父母对阅读书本很有兴趣，幼儿也可以对读书产生兴趣，不用成人费力去督促。

2. **从兴趣出发的学习积极性**

幼儿往往是为了“好玩”而学习。幼儿愿意做有趣的事情，他们的学习积极性主要是从兴趣出发的。没有兴趣的学习，幼儿往往不能坚持进行；有兴趣的学习，幼儿可以坚持较长时间。有些家长反对甚至禁止幼儿游戏，强迫幼儿“学功课”，学习效果并不好，那是因为他们不了解幼儿这种学习特点。对一些无意义的学习，幼儿常常自发地加以游戏化，反而产生了学习兴趣。有些教材根据幼儿学习的这种特点提高趣味性，能更好地调动幼儿的学习积极性。

3. **学习的无意性和内隐性**

幼儿的学习以无意性为主，幼儿在学习过程中的记忆，往往是无意记忆；幼儿的联想，往往是无意的自由联想。幼儿的学习有很大的随机性。

对于幼儿学习的无意性特点，可以从两个方面对待：一方面，避免过多要求幼儿的有意性学习。比如，注意力不集中是幼儿的年龄特点。这个年龄的孩子，往往不能按照成人的要求去集中注意。要他注意听讲，他却看窗外的小鸟。这是因为，这个年龄孩子的注意是以无意注意为主。也就是说，他会去注意外界那些有声有色的、新奇的和活动的东西。这些东西都是他在无意中被吸引的，是被动的注意。即使如此，无意注意在这个年龄段，稳定集中的时间也比较短暂，这和幼儿大脑的生理发育程度有关，是不可强求的。另一方面，幼儿无意学习的特点，可以使幼儿轻松地学到东西，在学习中不费力。幼儿的无意学习，需要老师有意识地创造条件加以引导。适宜的学习环境和条件，对幼儿的无意学习可以起到很好的引导作用。

内隐学习也是幼儿学习的重要特征。自里伯(Reber)于1967年发表了第一篇以“内隐学习”为题的文章《人工语法的内隐学习》以来，越来越多的心理学研究者对其开展了系统的研究。内隐学习是在偶然的、意想不到的条件下，尤其是当刺激结构高度复杂，关键信息不明显的情况下产生的，它是在无意识状态下，无目的、自动化的加工活动，具有随意性，学习活动能自发进行，无须耗费心神。

幼儿常常出现内隐学习，如教师在组织集体活动时，有一个幼儿没有参与，在教室的一个角落自玩积木，但事后对幼儿进行测试时，发现教师讲的不少内容该幼儿都学会了。幼儿园里经常发生这样的事情，教师们在幼儿自由活动时随便闲聊，议论某个幼儿或幼儿的家长，没想到被幼儿无意中听见并记住了，幼儿回家向家长学舌。家长们也常常惊奇地发现孩子学会的一些东西，不但家长不知道孩子是怎样学来的，孩子自己也不知道是怎样学来的。润物细无声的方法，潜移默化的教育，对于培养幼儿的行为习惯非常有效。

4. 经验与体验作用的显著性

个体的经验和情感体验对幼儿学习的作用十分明显。幼儿与中小学生以及成人不同，不是依靠语言和文字符号来学习。幼儿的学习主要以行为实践为主，直接参与的经验是幼儿学习的要素，幼儿教育应该以其真实的经验和真实的事件为基础。在幼儿一日生活中，无论是教师指导的活动，还是游戏与自由活动，都应尽可能地给予幼儿动手操作、直接观察和实验的机会，让他们获得亲身的体验，并能用自己的语言、操作等方式表达与表现。在日常生活的真实情境中，通过幼儿的体验与主动参与学习，效果最佳。家长和教师往往忘记了幼儿学习的这一特点，过多使用说教的方式，特别是说一些“你将来会如何如何”等的话，幼儿不能理解与想象这些话的内容，以致大人苦口婆心的教育不能收到预期效果。

幼儿的亲身经验往往与情绪体验相联系。情绪在幼儿心理活动中的作用甚至大于理智。幼儿的许多活动是情绪性的、非理性的。实验证明，不同的情绪状态对婴幼儿的智力有不同的影响。愉快的情绪与智力之间为倒 U 形关系，即适中的愉快情绪使智力达到最优。愉快情绪不仅使幼儿获得良好的活动成果，还让孩子获得良好的情绪体验，如成就感、成功的喜悦、自信心等。这些体验，反过来又成为幼儿进一步学习的动力。幼儿在活动中受到尊重，不受打击，恰当的鼓励与赞赏，都能使他获得适中的愉快情绪。重视幼儿在学习中的体验，是幼儿教育的重要问题。

有这样一个案例，苑苑是个沉默寡言、态度冷漠的女孩子，经常独自一人呆坐在椅子上，不愿跟别人玩，也不跟别人说话。有好几次，老师让其他孩子邀请她做游戏，都被她拒绝了。

有一次，老师见她又呆坐在一边，就让骏骏找她一起玩。这一次，苑苑同意了。她随着骏骏来到桌子旁，十分“霸道”地推开了坐在骏骏旁边的那个女孩，自己坐下，但她自己并不玩，只是看着骏骏玩。不一会儿，骏骏离开了桌子，苑苑也站起来，急匆匆地跟随着骏骏跑去。苑苑的行为使骏骏感到莫名其妙，他问苑苑：“你为什么老跟着我呢?”苑苑不声不响，但是依然紧紧地跟着骏骏。老师也有点纳闷，怎么也想不明白其中的缘由。休息时，老师把苑苑请到一边问："苑苑，你能告诉老师为什么你总是跟着骏骏吗?"她低头不语，在老师一再追问下，她才说："因为骏骏是大人。"老师这才明白，在苑苑心目中，个子长得高的是大人，长得矮的是小孩，她只跟大人玩，不与小孩玩。

在苑苑刚懂事时，她曾与一个同龄的孩子出来玩，不一会儿，两个人发生了争执，那个孩子欺负了苑苑，直到另一个"大人"孩子出来干预，苑苑才摆脱了困境。那一次与同伴交往的经验给她留下了难以磨灭的印象：比她小的或与她一般大的孩子都是坏的，都会欺负她，而比她大的孩子才会保护她。苑苑愿意跟着骏骏，因为他个子高大，在苑苑心目中是个大孩子。

5. **语言指导下的直观形象性**

直观形象性是幼儿学习的突出特点。直观形象的学习内容，幼儿比较容易接受。幼儿难以接受抽象的学习材料，而在语言指导下使用直观材料或实际活动则最适合幼儿。事物形象与语言相结合，语言中绘声绘色地描述能激活幼儿头脑中的形象，有助于幼儿理解与记忆。无言语的机械练习或单凭口头说教，都不符合幼儿的学习特点。

例如，有个孩子坐在椅子上时，总喜欢翘起椅子一条腿，让椅子的三条腿支撑着。老师就采用了语言指导："小朋友们排队时，就请你一个人单腿站立着，你看怎么样?"那个孩子想了想说："那别人都不这样站，我要是一个人那样站的话，就太难看了。"然后老师因势利导："那么椅子本来就应该四条腿都放在地上，现在你坐在椅子上时也有一条腿没有在地上，那是不是也不好看呢?"通过这种直观形象的言语指导，这个孩子感到坐着时翘起椅子一条腿是不对的了。

6. **对环境的极大依赖性**

幼儿的学习受环境的影响很大。幼儿需要安全的环境，包括物质的安全环境，更重要的是心理安全氛围。处于安全及受尊重的群体环境中，幼儿才能获得最佳的发展与学习，马斯洛的需要层次理论指出：除非个体的身体及心理两方面的安全能被满足，否则不可能产生学习行为。幼儿的心理是敏感而脆弱的，只有在安全的环境中，他们的身体需要才能得到满足，心里才有安全感。在受尊重的环境中，幼儿才不会有压抑感。因此，教育必须为幼儿提供健康、安全的物质与心理环境。

丰富的、有挑战性的环境能使幼儿获得更多的信息加工材料，并且能激发其思维的活跃性。

7. **不容忽视的个别差异性**

幼儿的学习存在个体差异。不同的幼儿有不同的认知与学习方式，也会用不同的方式表达其认知与理解。学习类型差异的研究发现，幼儿在学习方式上有偏好，如在学习通道上，有些幼儿是场依赖性的，有些则是场独立性的。幼儿经由多样化的学习方式了解万事万物，并用多种方式将其对事物的了解表达出来。①

内容小结

本章简要地介绍了学前幼儿心理发展的历程和各年龄段的心理特征。同时，还重点阐述了幼儿阶段的学习心理与特点，从中我们可以了解幼儿心理发展从出生到幼儿阶段的来龙去脉，了解幼儿各类心理活动的主要特征及其表现。

幼儿心理年龄特征是指幼儿心理发展的各个不同年龄阶段所形成和表现出来的一般的、典型的和本质的心理特征。

婴儿心理的主要特征是，适应新的环境，身体的迅速成长，动作及活动能力的初步发展，早期心理的出现与发展。

幼儿前期的主要心理特征是，会走路，会说话，有了独立的意识，出现了最初的独立性。

幼儿阶段是我们要重点了解的阶段，在3～4岁、4～5岁和5～6岁三个不同年龄时期，有各自不同的心理发展特点与表现。

生活范围的扩大，以模仿为主要学习方式，活动具有明显的直观行动性和情绪左右他的行为等特点，都是3～4岁幼儿心理特征的主要表现。

精力充沛，活泼好动，爱玩，会玩，思维的具体形象性则是4～5岁幼儿的主要心理特征。

5～6岁幼儿的主要心理特征是有很强的求知欲望，好学爱问，已开始初步进行抽象的判断和推理，爱玩棋类等智力游戏，爱玩结构复杂的游戏，并开始形成初步的个性心理特征。

3～6岁幼儿的学习特点主要表现为：从兴趣出发，无意性和内隐性比较明显，而且与幼儿的经验与体验以及所在的环境特点等都有着极为密切的关系，同时，幼儿的学习特点个别差异性很大，幼儿的学习主动性容易被忽视和扼杀，因此，关注了解幼儿的学习特点非常重要。

---

① 陈帼眉、姜勇：《幼儿教育心理学》，北京，北京师范大学出版社，2007，6页。

思考与练习

1. 请去观察幼儿园小、中、大班的幼儿心理发展水平，主要对比他们活动的有意性和无意性程度。

2. 在观察不同年龄的幼儿后，举例说明幼儿情感发展的一般特征。

3. 请观察3～4岁幼儿，并分析这个年龄阶段幼儿的心理发展特征。

4. 4～5岁的幼儿特别爱玩、爱动，到幼儿园观察一下，记录两三则他们的活动情况。

5. 观察说明4～5岁幼儿的心理发展特征。

6. 观察说明5～6岁幼儿的心理发展特征。

7. 婴儿主要的心理发展特点是什么？

8. 幼儿前期是指哪个年龄阶段？这时主要的心理发展特征是什么？结合观察材料来说明。

9. 怎样理解幼儿心理发展年龄特征的含义？

10. 请观察幼儿的学习特点，并把它们记录下来做一分析。

第二编

幼儿的认知和言语发展

第三章
幼儿的注意

本章主要内容

1. 什么是注意？
2. 幼儿的注意有哪些特征？
3. 注意与幼儿的活动和发展有什么关系？
4. 幼儿的注意是怎样维持的？

第一节　幼儿注意发展的主要特征

一、注意在幼儿心理发展中的作用

想一想，什么是注意？它对我们有什么作用？

注意这个词在我们的生活中是常用的。当孩子发现一件非常漂亮的玩具时，他的头就会转向这个玩具，他的眼睛就会盯着这个玩具。这时，我们就说，这个孩子正在注意这个玩具。小朋友做游戏，听故事，学儿歌，还有我们的学习、我们的生活都离不开注意。注意能直接影响我们每个人的各种行为和活动，它是人们任何实践活动都不能缺少的一种心理活动。那么，从心理学的角度讲，注意是什么呢？

(一)注意的概念

注意是一种心理状态，是心理活动对一定对象的指向和集中。指向性和集中性是注意的两个基本特点。

注意的指向性是指人在清醒的每一瞬间，心理活动都指向某个对象，而离开其他对象。也就是说人在清醒时不是什么都看，什么都听，什么都记的，而是有选择的，有一定指向的。当幼儿在听故事时，他的心理活动指向故事，老师讲到哪，他能跟到哪，听得很入神，别的事物他都不去注意。

注意的集中性是指心理活动在指向某一事物的同时，就会对这个事物全神贯注，把精神都集中到这一事物上，使人的活动得以进行下去并使活动得以完成，有时周围发生了别的事，他也不会察觉，可能“视而不见，充耳不闻”了。如我们在上课时，在集中想自己的心事，对老师所讲的话完全没有听见；同样，幼儿听老师讲故事很入神时，周围的大人对他说话可能也听不见，这就是幼儿的注意对事物的集中。

注意的稳定性有狭义和广义之分，狭义的稳定性是指注意在某一事物上所维持的时间，如长时间看电视、读一本书等。但人在注意同一事物时，很难长时间对注意对象保持固定不变。例如，把一只表放在被试耳边，保持一定距离，使他能隐约听到表的滴答声。结果被试时而听到表的滴答声，时而又听不到，注意这种周期性变化的现象叫作注意的起伏。广义的稳定性是指注意在某项活动上保持的时间。在广义的稳定性中，注意的具体对象可以不断变化，但注意指向活动的总方向始终不变。就广义而言，注意的稳定性并不意味着心理活动总是指向和集中于某一事物或活动（如上课坐着不动地听讲），而是指虽然行动所接触的对象和活动本身有所变化，但注意的总方向和总任务却没有改变。

例如，孩子在听老师讲故事时，一会儿用手比画，一会儿问问题，一会儿大笑；再如我们听报告时，跟随专家的报告，一会儿看投影，一会儿记笔记，一会儿讨论，这些表现正是表明孩子或我们的注意很专注，虽然注意的对象不断变换，但都服从于听故事或报告这一总的任务。背着手坐着不动的状态反而影响了孩子注意的稳定性，因为人如果没有相关活动参与和陪伴，很难长时间对注意对象保持固定不变，因而孩子的注意在所谓安静的状态下其实是很难真正维持下来的。

(二)注意与心理过程

注意不是独立的心理过程，它总是与人的其他心理活动相伴随而进行的。在日常生活中注意一词后面总要跟一个与心理活动有关的字眼，如注意看，注意听，注意记，注意想等。我们在清醒时所有的活动都必须有注意的参与，注意与我们的看、听、说、想、记等心理活动密不可分，没有注意的参与，这些心理活动都无法很好地进行。学生上课不注意听，就不能有效地掌握老师所教的知识，幼儿走路不注意看就会出现危险。因此，注意对我们获得知识，掌握技能，思考问题，完成各种智力活动和实际操作活动起着重要的保证作用。

(三)注意对幼儿的活动和心理发展的意义

1. **注意对幼儿活动的意义**

(1)游戏是幼儿的主要活动形式，注意是幼儿游戏活动开展的保证。在游戏中，如果幼儿玩得很投入，很用心，那么这个游戏就会进行得非常好。可是有的幼儿在游戏中，东走走，西逛逛，心不在焉，无所事事，这样他肯定注意不到游戏的变化，游戏进行不下去，小朋友也不愿意和他玩，因为他老玩错。

(2)注意是幼儿学习活动的保证。幼儿听故事，学儿歌，学唱歌，认识各种事物都需要集中注意。幼儿集中注意时，学习效果就好，容易记住新知识，能力提高也快。据研究，超常儿童的注意力往往超过一般的儿童，他们的学习效率也高。如一个男孩，两岁时玩积木可以连续玩上几小时，他在幼儿时期，看书、画画都能投入长时间而不分心，他在上小学以后的学习活动中，仍然注意力集中，学习很好。

2. 注意对幼儿心理发展的意义

由于注意总是与其他心理活动相伴随，注意指向和集中于认知的对象，使认知活动清晰、完整。因此，注意与其他心理过程发展有密切的联系，对幼儿其他心理活动过程的发展具有重要意义。

(1)注意能使幼儿从环境中接受大量的信息，调整自己的行为。环境中各种各样的事物构成源源不断的信息流出现在幼儿的生活中，注意能使幼儿捕捉到许多有用的信息。如幼儿园良好的环境布置、电视、广告、商品包装等都可以吸引幼儿的注意，从而发展幼儿的观察力，提高幼儿的感知能力。

注意能使幼儿调整自己的行为，把精力集中于新的情况。当幼儿来到新的地方，他会感到很新鲜，他会注意看那些从没见过的东西。同样，当一个体育游戏结束后，老师带幼儿开始玩猜谜语时，幼儿的注意必须转向这一新的活动，调整自己的行为，认真听，注意想，猜谜语的活动才能顺利进行下去。

(2)注意对幼儿认识过程的发展有重要意义。凡是幼儿注意到的事物，幼儿对该事物的感知最清晰也最容易记住。在让幼儿观察同一情景时，不同幼儿所观察到的事物各不相同，往往是由于他们注意的不同所致。注意发展的不同，也影响幼儿记忆的差异。

(3)注意对幼儿坚持性发展具有重要的影响作用。幼儿行动的坚持性常常是与注意分不开的。当幼儿在画画或做游戏时，只有集中注意，他才能把画画完或把游戏进行下去。如果这时幼儿把注意转移到别处去，去看别人在做的事情，那么，他原来的活动自然不可能坚持下去。看一下注意力差的孩子，他们是否能把活动坚持下去。幼儿的注意力的确对幼儿完成各种活动以及在活动中的坚持性产生了极其重要的影响。没有幼儿注意的参与，幼儿就不能顺利进行活动，也不能使活动坚持到最后。

二、幼儿注意发展的主要特征

幼儿的注意常常表现为什么样?

注意可以分为无意注意和有意注意两种基本形式，主要区别在于是否有目的和是否需要克服困难。幼儿注意发展的特征是无意注意占优势地位，有意注意逐渐发展。无意注意就是事先没有预定目的，也不需要意志努力的注意。如我们正坐在礼堂里听报告，突然有一位同学站了起来，这时大家都会注意到这个同学，我们的注意就是无意注意。再如，小朋友正在听故事，突然，从教室外面进来一个人，这时小朋友会把注意指向这个人，并且是不自主的，也没有预定目的，这时就是无意注意。在幼儿的活动中，无意注意是大量存在的。

(一)幼儿的无意注意占优势

3岁前儿童的注意基本上属于无意注意。幼儿的注意主要还是无意注意，而且已经相当成熟，许多事物都能引起幼儿的无意注意。容易引起幼儿无意注意的诱因有两大类。

1. 刺激比较强烈，对比鲜明，新异和变化多动的事物

例如，万绿丛中一点红，鹤立鸡群，斑马线等因素都很容易引起人们的注意。在整个幼儿期，刺激强烈，对比鲜明，新颖的事物对引起幼儿的注意有重要作用。如电视、电影中新颖多动的画面，突然出现的镜头等都可以引起幼儿的注意。幼儿的注意是以无意注意为主的，恰当地利用这些因素非常有利于幼儿的教育以及幼儿教育活动的组织。

(1)教师选择和制作的玩具、教具最好是颜色鲜明，对比性强，形象生动，新颖多变的，只有遵循这一心理规律才能吸引和保持幼儿的注意，有效达到活动的目标。

(2)要求教师说话清楚，符合儿童特点，同时说话要抑扬顿挫。这样幼儿才能够听懂教师所说的话，并能吸引幼儿的注意力。

(3)恰当安排、布置教育环境，既要避免繁杂干扰，又要能适当引起幼儿的注意，有利于幼儿正常活动的开展。

(4)教育内容、方法要新颖，赋予各种容易引起幼儿注意的因素。

在恰当地利用这些新颖多变的因素对幼儿进行教育的同时，也要考虑到这些鲜明、多变、强烈的事物在幼儿园的活动组织中对幼儿所产生的负面影响。凡是不需要幼儿注意的东西，就不应该过于鲜艳、突出和多变。有时老师的手表带换了，也能引起幼儿的无意注意。有一位幼儿园老师烫了头发，孩子们都新奇地注意着她，老师给幼儿讲故事，孩子们的注意力却集中在老师的头发上。所以，幼儿园老师在组织幼儿进行各种活动时，更要注意自身形象以及容易分散幼儿注意力的那些因素，如不穿奇装异服等，否则将影响幼儿对活动的注意力。

在组织幼儿进行集体活动时，如果教室外面有强烈的响声干扰，那么幼儿难以维持正常的活动，不能注意听讲。再如，幼儿不注意听老师说话，在一片喧哗吵闹声中，老师用提高声音的方法控制幼儿，有时并不能引起幼儿的注意，反之，老师突然停止说话或放低声音，则会引起幼儿的注意。

2. 与幼儿兴趣、需要和生活经验有关系的事物

幼儿兴趣、需要和生活经验的丰富，使得幼儿对更多的事物产生无意注意，只要幼儿感兴趣和爱好的事物都容易引起幼儿的无意注意。

(1)兴趣是引起幼儿无意注意的因素。每个幼儿各有不同，引起注意的对象也有可能不同。有的孩子在街上看见汽车特别喜欢，而且可以注意很长时间，但对自行车则不去注意，这是因为他对汽车特别感兴趣。

(2)需要也是引起幼儿无意注意的一个重要条件。漂亮的玩具极易引起幼儿的注意。幼儿非常喜欢玩，喜欢活动，喜欢游戏，如果有小朋友在游戏，其他小朋友就会马上注意到并要求参加进去。

(3)幼儿的生活经验也与幼儿无意注意的产生有关。凡是幼儿很熟悉的事物或见过的东西，就非常容易引起幼儿的注意。如幼儿听过的故事、动画音乐很容易引起幼儿的注意，而科幻小说、新闻广播、理论书籍一般不会引起幼儿的注意。还有幼儿自己经常玩的玩具或吃的东西特别容易引起幼儿的注意，这些都与他们的生活经验有关系。

(二)幼儿的有意注意初步发展

有意注意是指有预定目的，需要一定意志努力的注意。有意注意是我们自觉控制的注意，它服从于我们生活、学习的需要与任务。如我们认真听老师讲课、读书、看报和观察幼儿等都属于有意注意。在幼儿园，老师在组织幼儿的游戏活动中，经常提醒幼儿说："注意了!"这时幼儿的注意就是有意注意。此外，幼儿从始至终地听老师讲故事，认真地画画、做手工等都是幼儿有目的性的活动，而且为了完成活动要努力控制自己不做别的事，这也是幼儿的有意注意。

有意注意主要表现在幼儿能控制自己的注意，其特点是有目的和需要意志努力。如幼儿听老师讲故事时，他一定想知道老师讲的是什么故事，故事里都有谁，他们在干什么，所以幼儿要注意听老师讲的故事。同时，幼儿在听故事的过程中，要集中注意力，控制自己不去做别的事，跟着老师讲的故事去想，直到把故事听完，这一过程就需要幼儿有一定的努力。但幼儿的有意注意还处于初步的发展之中，目的性和自我控制力主要依赖于成人的组织与提醒。

幼儿有意注意产生的条件如下。

1. 幼儿的有意注意依赖于丰富多彩活动的开展

幼儿的有意注意是在活动中发展起来的。在活动中，幼儿通过参与、体验活动的趣味性，努力把自己的注意力集中于活动，使自己的活动有目的，并在老师的提醒下完成活动。所以幼儿园各种游戏、活动的开展对发展幼儿的有意注意具有积极的作用。

2. 幼儿对活动目的、活动任务的理解程度

幼儿如果明白老师、成人让他做的事，而且知道具体的任务是什么，他就会按要求完成任务，这一过程中幼儿是需要有意注意的。如在手工活动中，老师让幼儿在纸上贴小鸟，告诉幼儿用什么形状、什么颜色的纸，那么，幼儿的粘贴活动就是按照老师的要求进行的有意注意活动。因此，让幼儿理解活动的目的，知道有什么任务，有助于提高幼儿的有意注意。为幼儿组织活动，目的必须是明了的，任务必须是简单的，而且内容是幼儿能够理解和能够记住的。

3. 幼儿对活动的兴趣与良好的活动方式

幼儿如果对所进行的游戏或活动感兴趣，就会自觉地投入活动，并且主动参与活动。如许多幼儿喜欢听孙悟空的故事，当老师一说要讲孙悟空的故事时，他们就会自觉地放下手中的活动，安静地等待，甚至有的孩子还制止别的小朋友吵闹，迫切希望马上就能听到老师要讲的故事。

在组织幼儿进行活动时，最好把幼儿的智力活动与幼儿的实际操作活动结合起来，这样有助于维持幼儿的有意注意，如让小朋友看图画书时，可以让幼儿用手指着画，这样就可以帮助幼儿注意图画书中的内容。反之，如果让幼儿单纯坐着听老师讲解，幼儿就不易将注意保持在这一活动上。

4. 言语指导和言语提示

成人对幼儿注意的组织是通过言语指导来实现的。通过言语指导，可以提醒幼儿必须完成的动作，注意哪些情况。例如，老师说："要搭高楼，最大的积木应该放在哪儿？小的应该放在哪儿？"幼儿就会注意大的积木，而且寻找适合的位置，这样可以帮助幼儿维持注意，提高幼儿有意注意的水平。此外，幼儿自我言语提示也有助于幼儿有意注意的发展。从穆欣娜的实验中可以清楚地看到自我言语提示对幼儿组织注意的意义。她要求幼儿从10张画着动物的卡片中挑选出指定的一张图画(例如母鸡或马)，但绝对不能选上面有被禁止的图画(如熊)的卡片。幼儿接连几次挑选卡片，最初没有给他关于动作方式的任何指示，在这种情况下，幼儿很难完成任务，经常出错，但要求幼儿出声地重复指令后(注意审视卡片上的图画，记住可以挑选哪些卡片，不能挑选哪些卡片)，完成任务的情况便立即改变了，即使加进了新的动物，幼儿也能够正确地完成任务。在挑选卡片的过程中，幼儿为了集中自己的注意力，能积极主动地运用语言。

由此可见，幼儿有意注意的形成是与言语在幼儿行为调节中所起的作用有密切联系的。

5. **幼儿的性格与意志特点**

性格中细心、坚持性强、不爱认输的幼儿，一般易于使自己的注意服从于当前的活动和任务。如在一个活动中，老师让两个幼儿各守一个“城堡”，结果发现，一个幼儿能把自己的注意始终保持在分配的任务上；而另一个幼儿虽然注意着“城堡”，但时间不能保持稍长，最后竟随着奔跑的小朋友而去，忘了自己的任务。事后老师说：“那个认真的孩子，你交给他什么事，他都很认真，注意力集中。”在实际中，凡是毅力强、有坚持性的人，他们的注意力都很好，善于专注自己所做的事。反之，怕困难、坚持性差的人，注意力往往不易保持。因此，老师要考虑到幼儿的这种个别差异，在活动中有目的发展幼儿的注意力。

第二节　幼儿的注意与幼儿的活动

幼儿的注意是在各种丰富多彩的活动中发展起来的。随着幼儿活动的复杂化及其年龄的增长，幼儿注意的水平也在不断提高。在这一发展过程中，幼儿注意的特点和规律始终对其活动产生着重要的影响。因此，在组织幼儿活动时应从幼儿注意的特点和规律出发。此外，幼儿对活动的兴趣及对活动的维持都与幼儿的注意有着极为密切的关系。

一、注意的规律与幼儿的活动

(一)注意的选择性与幼儿的活动

注意的哪些规律与幼儿的活动有关？

注意具有选择信息的功能，这就是注意的选择性。在日常生活中，幼儿或我们成人周围环境中都存在着无穷无尽的信息，我们并不是不加选择地对什么都注意，而是有一定选择的。在众多的信息刺激中，注意的选择性表现为偏向于对一类刺激注意得多，而对另一类刺激注意得少。

6 岁的幼儿与 3 岁的幼儿相比，注意的选择性有了明显发展。有一个小实验，给幼儿呈现一些图形，让幼儿熟悉和认识这些图形。用眼动照相的方法得出结果表明，在所限定的 20 秒时间内，3 岁的孩子在熟悉图形的过程中眼睛凝视的图形部位比 6 岁的孩子要少得多，而且，主要集中在图形中部，6 岁孩子的眼光扫描基本涉及了图形的每个部位。幼儿注意选择性的发展有如下几个方面的规律，我们在组织幼儿活动时，如何引导幼儿注意选择活动的目标，应该考虑到这些规律。

1. 幼儿注意的选择性在很大程度上是由幼儿的兴趣和情绪引起的

幼儿对某一事物的注意或选择某一事物成为注意的对象，往往是因为他们对这一事物感兴趣。在同一情境下、同一活动中，每个幼儿注意的对象各有不同。如在一个班里，积木区因搞卫生而被换了一个地方，班上的一些小朋友平时不爱玩积木，所以根本就没有注意到积木区位置的变化，有两位小男孩，一看在积木区打扫卫生，就急忙去看自己搭的积木，关心自己搭的积木怎样了，而且很快发现积木不见了，于是赶紧跑去告诉老师，原来他俩平时对积木就特别感兴趣。

2. 幼儿注意的选择性与幼儿的理解水平和幼儿的经验有密切关系

幼儿只能注意到事物特征比较突出的方面。当一幅画面出现在幼儿面前时，幼儿选择那些自己认识、熟悉的事物来加以注意，有时对比较复杂而又不好理解的事物，虽然老师要求注意，幼儿还是不能加以选择注意。例如，给孩子呈现一组物体，让他们根据不同特性将这些物体分类，4 岁孩子，甚至5～6 岁的孩子，只选择那些与解决问题没有关系的因素来加以注意，而 8 岁的孩子解决这类问题时就能选择物体的主要特征加以注意。所以，教师在组织活动时，如果要求幼儿注意的对象是幼儿认识能力范围以内的和幼儿易于理解的东西，那么，幼儿注意的选择性就要好些。

幼儿在一个活动中如果不能注意到事物的某一特征，也是由于幼儿没有这方面的知识或经验。幼儿一旦知道或学会了这方面的知识，他们在活动中注意的选择性就能够提高，从而大大提高了幼儿的活动水平，保证了活动的顺利完成。比如，有些游戏尤其是智力游戏，最初幼儿不知道游戏规则，活动中注意的选择性就比较差，一旦幼儿学会了这一游戏规则，就能顺利地完成游戏活动，还会玩得很入迷。

实验研究：让幼儿园和小学一、二年级的儿童听一系列铅笔的敲击声，然后让他们看很多组画在纸上的圆点，并让他们指出哪一种圆点可以和敲击声相对应。结果，孩子越大，辨认的准确率越高。幼儿为什么不能准确辨认呢？就是因为他们缺乏敲击声可以用画在纸上的圆点表示出来的知识。我们生活中也常有这样的感受，有时不能很好地、全面地注意一件事，是由于我们缺少关于这件事的经验或知识。当我们找一件东西，如果不知道这个东西的具体特征，那么，我们在寻找时，注意的选择性就比较差；如果事先了解一些有关的标志、特征，注意的选择性就会高些。因此，教师在组织幼儿活动时，要善于从幼儿已有的经验水平出发来设计活动和组织活动。由此，也要求我们了解幼儿和观察幼儿。

3. **幼儿注意的选择性受强化方式的影响**

常见的强化方式有鼓励、表扬、批评和惩罚。一些研究表明，强化可以改变幼儿对注意对象的选择。例如，有一组幼儿在搭房子，另一组幼儿在搭火车。如果老师表扬了搭火车的一组幼儿，结果会发现另一组中有不少幼儿也改为搭火车。反之，批评也会改变幼儿注意的选择性。因此，幼儿园的教师在评价幼儿时要慎重，不可随意。否则，就会影响幼儿对活动对象的选择。研究表明，对幼儿强化过程的关键在于给幼儿启发或指导，而不是批评、惩罚、表扬和鼓励等强化本身。如果强化引起幼儿情绪上的波动太大，如很兴奋、很不高兴等都会影响幼儿的注意，使幼儿不能对注意的对象正确选择。

另外，刺激物的特点，如鲜艳、多变容易引起幼儿的注意。

(二)注意的稳定性与幼儿的活动

前面已经讲过，广义上的注意稳定性是指注意力在同一活动范围内所维持的时间长短。要维持广义上的注意稳定性，就要认真考虑以下几个方面的因素：(1)关注或明确要完成的总任务和具体任务，并积极参与或尝试解决。(2)要使注意对象内容丰富，活动多样化。不同的活动最好是交替进行，并在活动中不断地呈现新形式或提出新问题。(3)注意必需与外部实际活动相结合，才可以真正起到维持和控制注意的作用。因此，人在注意的时候，若能把注意与实际操作或活动结合起来，直接接触实物，就可以使注意较长时间地稳定在注意对象上，达到维持注意的效果。(4)注意的稳定性还与人的主体状态有关。当人处于身体健康或是自主放松、积极活动的状态下，人的注意就容易稳定和维持；当人的主体状态处于被控制或被动状态时，人的身体感到不太舒适，注意就无法长久地维持或是维持比较艰难。

注意的稳定性对幼儿活动的完成具有重要意义，幼儿要听完一个故事，做完一件手工，玩一个完整的游戏，听教师讲解一段完整的知识都离不开稳定的注意。可以说注意的稳定性是幼儿进行活动的重要保证，幼儿注意的稳定性有如下几个特点。

1. **幼儿注意的稳定性比较差**

幼儿注意的稳定性比较差，但随着年龄的增长，稳定性逐渐提高。幼儿在不同的年龄阶段，注意的稳定性是有明显差异的。实验证明：在良好的教育环境下，3 岁幼儿能够集中注意 3～5 分钟，4 岁幼儿注意可持续 10 分钟左右，5～6 岁幼儿注意能保持 20 分钟左右。幼儿的注意稳定性比较差，与幼儿的自制能力差有密切关系。例如在活动中老师提出一个很有趣的问题，幼儿就能注意一段时间；如果在活动中伴随有操作活动，那么，幼儿也能把注意保持在活动上，可是当幼儿把问题回答完或操作完之后，他们的注意很快就不稳定了，并且很容易转向其他事情。因此，不能用成人的标准来要求幼儿长时间地注意一个事物。在设计活动、组织活动时，不应太单调，时间太长。

2. 活动中影响幼儿注意稳定性的因素

(1)注意的对象新颖、生动，形象鲜明。如果让幼儿注意的对象是一些非常生动形象的事物，幼儿的注意就相对稳定一些。对于一些抽象的、成人化的、单调而缺乏生动性和形象性的活动，幼儿往往不容易坚持完成活动并使注意稳定。

(2)活动的游戏化。在幼儿的活动中如果让幼儿像小学生一样听老师讲故事、念儿歌，而且要求幼儿坐直身子，时间一长，幼儿的注意就不稳定了。但是如果以游戏的方式来开展活动，那么幼儿的注意则会比较稳定，注意的持久性会大大加强。因此，游戏既是适合幼儿的活动，也是有利于稳定、维持幼儿注意的有效形式。国外研究资料表明，游戏活动能引起幼儿的活动兴趣，在游戏中，幼儿注意持续的时间大大超过了幼儿不感兴趣的活动所持续的时间。

(3)注意必需要有幼儿操作活动的参与或是动作的伴随。在活动中如果只是让幼儿坐着用眼看、用耳听，而且要求幼儿坐直身子，时间稍长，幼儿的注意就不容易集中，也不容易稳定。如果让幼儿亲自动手参与操作，直接接触实物，把活动与实际操作结合起来。那么，幼儿的注意力就容易集中，也比较稳定，幼儿注意的持久性会大大提高。根据这一心理规律，我们在组织幼儿进行活动时，应该使活动多样化、操作化。

如在一个幼儿园的活动《奇妙的田字格》中，老师用游戏的口吻讲述，小猪有一所漂亮的房子，小猪有三位好朋友，它们是小兔、小羊和小鸡，它们都想和小猪住在一起，怎样住呢？于是老师让幼儿把房子四等分，这样四个小动物就住在了田字格里。老师又问幼儿这些小动物分别住在哪一间房子里，让幼儿自己摆一摆，说一说。这样，幼儿的注意力就一直保持在活动上。如果一直是老师在讲解，虽然也是拟人化的，但是，由于时间长，幼儿只是坐着听，没有操作参与，注意就不稳定。

(4)幼儿的身体状况。幼儿身体健康，精神饱满，活动积极，注意就容易稳定。如果幼儿生病、疲劳、情绪不佳、活动单调和活动时间过长，幼儿的注意就不稳定和不易维持。有一幼儿园老师在组织幼儿做数学活动时，一位幼儿不时地看周围的老师，老师要求幼儿干什么，他好像听不见，注意力很不集中。过了一会儿，当老师走到他跟前时，他说，恶心，想吐。这时老师才知道他为什么不能注意老师所组织的活动，原来是这个孩子身体不适。因此，在组织幼儿活动时，要考虑孩子的健康状况和情绪状况，而且活动不易太长以致幼儿疲劳。

我们自己是否也有这样的经验，当我们感到疲劳和身体不适时，就很难把自己做的事稳稳当当地做下去，很容易分心。当然，成人一般可以控制自己，用毅力去完成工作和学习。但是，也需要个人的很大努力。幼儿的自我控制能力比较差，当其身体不适、情绪不佳时，注意就会不稳定。因此，在幼儿园的实际工作中一定要注意这一点。

3. 幼儿注意的稳定性存在明显的年龄差异

有人测验 5 岁和 6 岁幼儿有意注意的稳定性，方法是发给每个幼儿一张改错练习纸，上面有△和○符号，这些符号没有规则地任意排列。测验的方法是，主试(老师或其他测验者)要求幼儿听他读出符号的名称，并根据听到的符号名称改正纸上印出的符号，如果主试读的第一个是△，而纸上是○，就要改正，依此类推。这个测验是通过幼儿改错的正确性来判定幼儿注意的稳定性。因为在测验中，幼儿必须注意听，注意看，而且一直需要对这一活动保持有意注意。测验结果表明，6 岁的幼儿成绩优于 5 岁的幼儿。这说明，幼儿注意的稳定性存在年龄差异，年龄不同注意的稳定性也不相同。刘金香、刘建华等人的研究表明，幼儿注意的稳定性存在着年龄差异。年龄越小，注意的稳定性越差，对活动的伴随性越依赖(见表 3-1)。

表 3-1　不同年龄幼儿注意稳定性比较

被试	平均数	标准差	P
小班	0.4082	1.0301	<0.05
大班	1.2304	0.5646	

(三)注意的分配与幼儿的活动

在同一时间内，把注意分配到两种或几种不同的对象与活动上，这就是注意的分配，如幼儿一边唱歌，一边跳舞；同学们一边记笔记，一边听老师讲课等都是注意的分配。作为幼儿教师，在工作中有注意分配的能力才能把工作做好。例如，教师在组织幼儿做操时，既要注意向全班幼儿发出指令，又要注意到个别幼儿的表现。幼儿园里孩子多，情况变化快，幼儿又活泼好动，作为幼儿教师既要注意孩子的活动与安全，又要注意自己的教育活动，如故事不能讲错，动作要做对，边教歌边弹琴等，都需要我们进行注意的分配，以便顺利地组织幼儿进行活动，并保证幼儿的安全。因此，注意的分配能力是幼儿教师工作所必备的心理素质。

幼儿注意的分配能力比较差。例如，大人吃饭时，可以谈笑自如，丝毫不影响进餐，而且交谈带来了愉快气氛，还增加了食欲。幼儿吃饭时，如果注意听别人说话，就会停止吃饭；如果幼儿自己说话，他就会把碗筷都放下，甚至还站起来，手脚一起比画。因此，幼儿园要求幼儿专心吃饭，不许随便说话，以保证幼儿吃好、消化吸收好。小班幼儿注意的分配能力更差一些，唱歌时就忘了做动作；看客人参观时就停止了自己的活动，站在那里不动了。

怎样才能够发展注意的分配能力呢？这要考虑注意分配的条件。

第一，如果对同时进行的几种活动都比较熟练，或者对其中一种活动掌握得非常熟练，甚至接近于自动化的程度，那么，注意的分配就比较好。例如，老师教幼儿唱歌时，可以一边弹琴一边唱歌，还一边观察幼儿的情况。之所以能够做得好，就是他们的钢琴已经弹得相当熟练，几乎自动化地进行，同时对歌曲也非常熟悉，弹到哪，就很自然地唱到哪，不必特别注意。这样，老师才可以分配出一部分注意关注幼儿的学习活动。但是，如果老师对琴不熟练，对歌曲不熟悉，常常要低头弹琴，就会忽视幼儿；当顾及个别幼儿时，琴声和歌声又停止了，结果所有的幼儿都不知所措。所以，注意分配的规律需要我们对专业技能非常熟练，才能分配出一部分精力关注幼儿。

另外更要注意，当要求幼儿注意两件或更多的事情时，其中有一件或几件应该是幼儿已经掌握的或熟练的，是幼儿能力范围之内的事情，否则，幼儿的活动就不能顺利进行。幼儿注意分配的能力是随着年龄的增长而提高的。例如，幼儿要做一边唱歌、一边传递东西的游戏，就必须能熟练地唱歌，并学会接、递动作，游戏才能顺利地开展。否则，幼儿不是忘了唱歌，就是忘了递东西。因此，在开展活动之前，让幼儿熟悉活动的一些环节或某一部分，是保证一些复杂活动开展的重要条件。教师在组织幼儿进行一个较为复杂的游戏之前，准备工作之一就是要从幼儿注意的分配能力及发展特点入手。

第二，使同时进行的两种或几种活动在头脑中形成密切的联系。例如，幼儿学歌舞表演时，懂得歌词与表演动作之间的意义联系，而且唱和跳都比较熟练时，表演起来就能声情并茂。如唱到“小狗小狗很高兴”，是幼儿很容易理解的歌词，幼儿就会做出小狗高兴的模样。反之，幼儿不理解歌词根本谈不上动作、表情，甚至动作还不协调，而教师还得在旁边努力提醒幼儿

"笑，笑呀"。因此，老师在组织幼儿活动时，首先应该帮助幼儿理解活动内容与形式之间的关系，这样才能真正提高幼儿的活动水平，调动起幼儿活动的积极性。

(四)注意的广度与幼儿的活动

注意的广度也叫注意的范围，是指一个人在同一时间内能够清楚地察觉和把握对象的数量，如"一目十行"就是说明一个人阅读时注意的范围比较广。心理研究认为，人的注意广度是生理性的，扩大注意的广度主要是把信息对象组成块，使各个对象之间能联系为一个整体。

幼儿注意的范围是比较小的，但随着年龄的增长注意范围在逐渐扩大。一般来说，幼儿在较短的时间片段中不能注意较多的事物。有人把一幅图画给被试(幼儿或成人)看，要求被试把图画中的每一部分都看到。结果发现，幼儿比成人要用较多的时间来注意画的内容。但在实际生活中，注意广度受许多因素的影响，主要有以下两个方面。

1. 注意对象的特点

从前面的小实验中我们可以发现，在活动任务相同的情况下，注意的对象排列有规律时，注意的范围就要大一些，而排列没有规律的注意范围就小些。如很多点随意散开就不如将这些点整齐有序地排列后的注意范围大。同样，注意对象颜色相同时注意范围大些，颜色多杂时注意范围就小些；大小一致的对象注意范围大些，大小不一的对象则注意范围就小些；信息组块并有密切联系的对象注意的范围就大些，而信息零散毫无联系的对象注意范围就小些。可见，知觉对象是有规律、有意义的，各对象之间能建立联系并成为整体的注意范围就大，反之，注意的范围就小。

2. 活动的任务和个人的知识经验

一般来说，如果在活动中要求完成的任务比较多，那么人的注意范围就要受到一些限制。如老师既让学生翻译课文又让学生找出错字，这样学生对课文注意的范围就小了。另外，一个人的知识经验也影响其注意的广度。在幼儿园工作多年的人对幼儿园的环境、工作注意的范围要比没有去过幼儿园的人广，原因就是他们在这方面的经验有很大差别，而知识经验在这里起到了将被注意对象建立联系使之形成整体的重要作用。

根据注意广度的这些规律以及幼儿注意广度的特点，教师在组织幼儿进行活动的过程中，要注意哪些方面？

(1)在组织活动时，应向幼儿提出明确的任务，而且不能同时提出太多任务，以免影响幼儿对某一活动任务的注意范围。如出示一幅故事图画，可以根据任务有顺序地提出问题，可以先问图上都有谁？当幼儿完成了这一任务后，再提出他们都在干什么等其他问题。这样，幼儿就不至于注意无关细节，缩小了对主要活动任务的注意范围。

(2)在教幼儿知识或讲述某一事物时，所使用的教具或所出现的事物一次呈现得不能太多，如让幼儿看图片时，就不能在一开始把所有的图片摆放出来，因为幼儿注意的范围比较小。

(3)在组织幼儿活动时，要考虑到注意对象的特点。如教具等要排列有序，特点相同或相似的要相对集中；色彩一致的要比五颜六色的注意范围广；注意的对象要有意义，而且要有联系，这样可以帮助幼儿扩大注意范围，保证活动充分而有效地进行，提高幼儿的注意水平。

(4)为幼儿提供的活动一定是幼儿知识经验范围以内的，因为幼儿已有的知识经验可帮助幼儿把这些注意的各个对象联系起来，并且由于幼儿能够理解注意的对象，从而扩大幼儿的注意范围。因此，教师在组织幼儿活动时，既要了解幼儿的年龄特征和已有水平，又要不断地帮助幼儿获得较丰富的知识经验，扩大幼儿的注意范围，提高幼儿的注意水平。

二、幼儿注意发展中容易出现的问题及教育措施

(一)幼儿注意的分散与防止

观察一下幼儿的注意都有哪些问题？应如何对待？

注意的分散是与注意的稳定相反的一种状态，是指幼儿的注意离开了当前应该指向的对象，而被一些与活动无关的刺激物所吸引的现象，俗语叫作分心。例如幼儿听故事时，被教室里的小鸟叫声所吸引，不能专心听故事。

幼儿的无意注意占优势，自我控制能力差，注意力容易分散，这是幼儿注意比较突出的特点。一般说来，引起幼儿注意分散的原因有以下几点。

1. **连续进行的单调活动**

幼儿如果长时间处于单调的活动状态下，容易发生疲劳。例如连续在很长时间教幼儿一首较长的儿歌，让幼儿长时间坐在那里跟着老师学，幼儿就容易疲劳、分心。因此，幼儿园在组织幼儿活动时，活动不能太单调，形式要多样化，而且，活动时间不能超过幼儿各年龄阶段所适合的时间，如小班幼儿集中活动的时间为10分钟左右，那么，教师就不能让幼儿在那坐20～30分钟，而且也不能只让幼儿坐在那里听。否则，幼儿就会由于疲劳而分散注意。

2. 缺乏严格的作息制度

有不少幼儿在家中生活作息时间没有规律。晚上幼儿在家里看电视看到很晚，或者与成人一起睡得很晚，致使幼儿休息不充分而造成疲劳。另外，节假日幼儿又上公园又逛街，破坏了在幼儿园的生活作息规律，造成幼儿很疲劳。因此，教师应与家长经常联系，共同保证幼儿生活合理、有规律，养成良好的生活习惯，从而使幼儿精力充沛地游戏和活动，防止幼儿注意的分散。

3. 无关刺激的干扰

幼儿很容易被新异、多变、强烈的刺激物所吸引，这些都容易使幼儿的注意分散。例如，幼儿正在听老师讲故事，教室里突然响起了清脆的鸟叫声，不少幼儿就会转头去注意教室里的鸟笼子，这就引起了幼儿注意的分散。这一点与我们前面讲到的引起幼儿无意注意的因素是一致的，无关刺激的干扰引起幼儿注意的分散，也就是引起了幼儿的无意注意。因此，恰当地避免无关刺激的干扰在组织幼儿的活动中显得非常重要。

在环境的布置上不宜过分繁杂，教室外的嘈杂与喧闹之声、电话声、鸟叫声等都会成为幼儿注意分散的外在的无关刺激。另外，教室的温度也要适宜，过冷或过热都容易引起幼儿注意的分散。

4. 注意转移的能力差

注意的转移是指根据任务主动、及时地从一个对象或一种活动转移到另一个对象或另一种活动中去。幼儿注意的转移还不是很灵活，他们往往不能根据活动的需要及时将注意集中在当前应该注意的事物或活动上。例如，一位老师出示一个非常逼真的苹果，让幼儿说说，“这个苹果是真的还是假的？你是怎么知道的？”幼儿对这个假苹果非常感兴趣，都用眼睛盯着苹果，而且还兴奋地说着什么。老师紧接着拿出一个梨，并提出同样的问题时，很多幼儿还是回答苹果是真的，苹果很好看。从这里可以看到，幼儿因为被前面内容吸引而长时间地受到影响，注意难以迅速地调整到新的活动上去。因而幼儿在从事新的活动时，心理还“惦记着”前一个事物，出现了注意的分散。因此，教师要善于组织幼儿活动，适当安排，有效地引导幼儿将注意保持在当前的活动上。

5. 不能很好地进行两种注意的转换

有意注意和无意注意是幼儿注意的两种形式，虽然幼儿的注意以无意注意为主，但是两种注意在活动过程中是相互补充、交替进行的。教师在活动中恰当地引导幼儿进行两种注意的转换，不仅有助于幼儿维持注意，防止注意的分散，而且可以使幼儿在活动中减少疲劳，提高活动兴趣，产生愉快情绪，从而使幼儿的活动得以顺利地进行。

因此，教师在组织幼儿活动时，应设法使活动的方式与内容适合幼儿的特点，在可能的情况下增强活动的趣味性，以减少幼儿的疲劳；同时，也要引导幼儿集中注意坚持活动，培养幼儿的有意注意，防止注意分散。但总体来讲，无论是无意注意还是有意注意，它们总是要消耗能量的。幼儿长时间地看电视，虽然是无意注意的活动，时间太长眼睛也会疲劳；如果要求幼儿长时间地坚持有意注意，他们更容易疲劳，因而组织幼儿活动需要运用两种注意的结合。

(二)幼儿的“多动”现象与注意

幼儿注意的稳定性比较差，主要特征之一就是“多动”，注意力不集中，但使用恰当的活动方式，幼儿是能够以他自己的兴趣集中注意很好地进行活动的，而且在活动中幼儿的注意也相对稳定。

“多动”与“多动症”是不同的概念。多动即爱动，是幼儿的一个特点。多动症又称为“轻微脑功能失调”(MBD)，是儿童的一种行为问题，近年来已逐渐为越来越多的人们所重视。多动症幼儿比起同龄的孩子来说，注意力更不稳定，动作更多，严重的还容易出现过失行为。他们对很有趣的故事、游戏、玩具也不能保持稍长一点时间的注意，只能维持片刻。美国 Achenbach 儿童行为量表研究指出，多动症儿童的部分外在特征为：坐立不安，活动过多；糊里糊涂如在云里雾中；呆想；破坏自己的东西；冲动或行为粗鲁；学习能力差(如同龄幼儿会讲故事，他则不会)；动作不灵活；喜欢和年龄较小的儿童在一起；言语有一定问题；情绪不稳定，易惹激或大怒。这样的幼儿注意分散现象非常严重，只有在成人的严格要求下和不断督促中才能稍有注意进行活动。近几年的研究表明，多动症既有病理上的原因，又有心理上的原因，它的确定需要医疗机构的综合诊断。

上述多动症的特征中，注意力不稳定只是其中一个方面的表现，不能以一两个特征给幼儿冠以“多动症”，而且医学的临床诊断、神经系统检查、心理测验等都不是能从表面看出来的。教师要审慎对待幼儿的多动现象，既不能轻率地把幼儿的爱动、多动现象归为多动症，也不能忽视幼儿注意的不稳定现象。教师要善于分析幼儿注意不稳定的原因，注重幼儿良好习惯的养成，在活动中逐渐提高幼儿的注意水平。

内容小结

注意是心理活动对一定对象的指向和集中。注意可使幼儿不断地从环境中接收信息，并使幼儿发觉环境的变化，调整自己的行为，保证幼儿活动的顺利进行。

3岁前儿童的注意基本上属于无意注意。

整个幼儿期，对象的新颖性对引起幼儿的注意具有重要作用。

幼儿无意注意的产生依赖于刺激物的特点和幼儿本身的状态。幼儿有意注意的产生依赖于幼儿对活动目的的理解、对活动的兴趣和活动的组织方式。学会分析和利用无意注意和有意注意产生的条件，对组织幼儿各种活动具有重要的实际意义。

幼儿注意的选择性、注意的广度、注意的分配、注意的稳定性和注意的转移能力各有特点，它们都是随着幼儿年龄的不断增长而发展的。幼儿这些注意的品质具有较大的个别差异性。我们在组织幼儿的活动中要注意理解和分析幼儿注意的品质特点。

(1)幼儿注意的选择性有赖于刺激物的强度、新颖性以及幼儿的需要、兴趣和经验等。

(2)幼儿注意的稳定性较差，要求我们在组织幼儿活动时，活动形式要多样化，切勿让幼儿以静坐听讲为主，脑力活动要与实际操作活动相结合，为幼儿提供自主参与活动的机会，在活动参与中维持注意。

(3)幼儿注意的分配能力比较差，不能很好地同时注意两种或两种以上的事物。组织幼儿进行活动时必须根据注意分配的条件来开展活动，逐步提高幼儿注意分配能力。

(4)幼儿注意的广度较小，为幼儿提供注意对象时应该遵循注意广度的规律。

幼儿的注意容易分散。注意的分散与注意的转移是不同的概念。注意的分散是被动的，是由那些无关刺激的干扰而引起的。我们要善于分析幼儿注意分散的原因并有针对性地采取恰当的措施，防止幼儿注意的分散。

幼儿注意的特点与幼儿的活动水平有密切的联系。理解、分析和利用幼儿注意的发展特点，掌握幼儿注意的发展规律是组织幼儿开展各种活动的重要条件。

思考与练习

1. 什么是注意？注意对幼儿的活动、心理发展有什么重要意义？结合认识谈一下看法。

2. 为什么活动和操作对幼儿注意的维持作用很大？请观察幼儿静坐听

讲和幼儿游戏操作活动中注意稳定性的不同。

3.“当你垒宝塔的时候，下面要选最大的积木……对！就是那个最大的，还有没有了，再找找看!”于是幼儿就找最大的积木搭他的宝塔了。想一想，老师的这段话有助于幼儿什么注意的产生？这是什么因素对幼儿注意产生的影响？

4. 幼儿的注意有什么特点，你认为在组织幼儿进行活动中如何应用？

5. 试用所学有关注意的知识分析下面的现象，并指出如何处理这种情况？

老师指着图问小朋友：“看！花丛中有两只蜜蜂，从远处又飞来两只蜜蜂(老师又拿出两只蜜蜂)，小朋友看！花丛中现在有几只蜜蜂了?”一位小朋友说：“老师我还捉过蜜蜂呢!”另一位小朋友说：“老师，我爸说蜜蜂还蜇人呢!”于是小朋友都说起蜜蜂来了。

6. 幼儿正在听老师讲故事，突然另一位老师进来找东西。这时，幼儿的眼睛一齐转向这位进来的老师，而老师讲什么他们都没有听进去。想一想，这是引起了幼儿的什么注意？请在幼儿园的观察中再收集几个这样的例子并进行分析。

7. 试分析什么形式的活动组织方式容易吸引幼儿的注意？

8. 幼儿注意分散的原因有哪些？请观察记录幼儿注意的现象，并分析一下造成幼儿注意分散的原因，老师是如何防止幼儿注意分散的？

9.“一目十行”是指注意的什么特征？请自己试一试下面的小实验，让自己在瞬间辨别出下面圆点的数目，并说出哪一种形式容易，为什么？想一想，幼儿教育活动中出示玩教具或图片时，应如何利用这一规律？

a. 十个圆点任意分布。

b. 五个一组摆成两排。

c. 五个一组，摆成两朵梅花形。

10. 判断下列问题是否正确，并说明原因。

(1)幼儿画画时，突然又玩起了手中的彩笔，这是幼儿注意的转移。

(2)老师出示一张范图，让幼儿看着图听老师讲解，但有些小朋友一边听，一边照着老师的范图学着摆，这反映了幼儿注意不稳定，易分心。

(3)幼儿年龄越小注意转移就越快。

(4)无意注意不如有意注意好。

(5)幼儿的知识、经验水平影响幼儿注意的范围。

(6)幼儿的活动越熟练，幼儿注意的分配能力就越强。

(7)幼儿的任何一种心理过程都离不开注意。

(8)幼儿注意到的，有时大人注意不到，这是由于大人的兴趣、需要不同而导致的注意选择性不同。

(9)幼儿的注意在幼儿自身的活动中可以起调节作用。

(10)老师在班上用眼一扫，便知道哪些幼儿在，哪些幼儿不在，说明这位老师注意分配的能力较强。

(11)试一试下面的方法，检查一下你的注意或幼儿的注意，在开始之前先根据所学知识制订出评价指标。

迷宫：请帮小熊找到去河边的路。

第四章
幼儿的感知觉

本章主要内容

1. 什么是感知觉？
2. 幼儿知觉发展的主要特征。
3. 知觉与幼儿活动和发展有什么关系？
4. 什么是观察？

第一节　幼儿感知觉发展的主要特征

一、感知觉在幼儿心理发展中的作用

什么是感觉？什么是知觉？它们在幼儿心理发展中有何作用？

(一)感知觉的概念

1. 什么是感觉和知觉

感觉是人脑对直接作用于感觉器官的客观事物的个别属性的反映。如讲台，它具有色、形、凉、滑、硬等属性，这些个别属性在我们头脑中的反映就是感觉。

感觉除了反映客观事物的个别属性(颜色、声音、味道、气味、温度等)，也反映我们机体各部分的运动情况及机体内部的非常状态，如我们可以感觉到身体的姿势、四肢的运动以及自身的不舒服等。

在实际生活中，客观事物直接作用于感受器时，人们头脑中反映的不仅是事物的个别属性，同时反映事物的整体。如我们面前的一朵花，我们不仅仅去反映它的颜色、香味和枝干，还通过脑的分析与综合活动，从整体上反映出它是朵月季花，这就是知觉。

知觉是人脑对直接作用于感受器的客观事物的整体反映。它和感觉一样，都是对直接作用于脑的客观事物的反映，但又有区别：感觉是对事物的个别属性的反映，而知觉却是对事物的整体反映。

知觉是在感觉的基础上形成的，各种感觉一经构成知觉，便有机地发生联系。如音乐的旋律是由若干单音组成的，但听起来是一个完整的旋律，而不是若干的单音，因为每个单音已成为完整旋律中不可分割的成分了。正是感觉和知觉有这样紧密的关系，所以在实际生活中，纯粹的感觉几乎是不存在的。

另外，知觉还包含其他一些心理成分。如过去的经验以及人的倾向性常常参与在知觉过程中，因而当我们知觉一个对象时，可以做出不同的反映。例如一座山，画家知觉它为写生对象，着重反映它的造型；地质学家知觉它为矿藏资源的特征，着重在于如何去挖掘、开采；旅游学家知觉它为美丽的风景区，兴趣在于如何去开发这片丰富的旅游资源。

在生活中，当我们一经感觉某一事物的个别属性时，马上就知觉到该事物的整体及内在联系，因此，我们常把感觉和知觉称为“感知觉”。

2. **感知觉与认识活动**

感知觉是认识活动的开端。在感知的基础上，人们才能形成记忆、想象、思维等一系列较复杂的心理过程，才能对客观事物作更进一步的认识。如通过感觉认识了桔子及桔子和人类的关系。在这样的基础上，才可能会有如何改进品种的想象和思维活动。因此，感知觉虽然是低级的认识过程，却给高级认识过程提供了必需的材料。所以，感知觉是认识客观现实的第一步。

(二)感知觉与幼儿心理的发展

在幼儿认识活动中，感知觉占据重要地位。以感知和思维相比，可以说，3～6岁的幼儿是借助于形状、颜色、大小、声音等来认识世界的，而不是依靠语言交往获得的知识来认识世界的。幼儿的思维虽有发展，但思维仍然紧紧依靠感知的形象。比如在瑞士著名心理学家皮亚杰的守恒实验中，幼儿对物体的长短、大小，对液体容量多少等的判断，往往根据直接感知的形象，而不是事物的本质。换句话说，幼儿的思维受感知所左右。同样，幼儿的记忆也直接依赖于感知的具体材料。对直接感知过的形象的记忆，比对语词记忆的效果好。此外，幼儿的情绪和意志行为也常受直接感知的影响而变化，如看到别的孩子闹情绪，在哭，也会跟着哭起来。

幼儿感知觉的发展不仅对整个认识活动有重要作用，而且对控制自己的行动有一定的意义。感知的返回传导，即通过感知的纠正这个中间机制，能促进有目的的行动的发展，如碰到尖的东西手会缩回等。

二、幼儿感知觉发展的主要特征

幼儿视觉、听觉、方位知觉、时间知觉发展各有什么特征？
如何根据这些特征进行教育？

(一)视觉

1. **视敏度**

视敏度即视觉敏锐度，是指幼儿分辨细小物体或远距离物体细微部分的能力，也就是通常所称的视力。

有人认为，年龄越小，视力越好，此话对幼儿来说，并非如此。对4～7岁幼儿视敏度进行调查，是采用测量幼儿能看出某同一圆形图上缺口所需的平均距离。不同年龄的幼儿，结果是不同的：4～5岁幼儿平均距离为2.1米；5～6岁则为2.7米；6～7岁则为3米。可见，随着幼儿年龄的增长，视敏度也在不断提高，但发展速度是不均衡的。5～6岁与6～7岁幼儿的视敏度水平比较接近，而4～5岁与5～6岁幼儿的视敏度水平相差较大。

幼儿看出圆形上缺口所需距离

2. **颜色视觉**

据实验研究，幼儿的颜色视觉发展有如下特点：幼儿初期(3～4岁)已能初步辨认红、橙、黄、绿、蓝等基本色，但在辨认紫色等混合色和蓝与天蓝等近似色时往往较困难，也难以说出颜色的正确名称。

幼儿中期(4～5岁)，大多数能认识基本色、近似色，并能说出基本色的名称。

幼儿晚期(5～6岁)，不仅能认识颜色，而且在画图时，能运用各种颜色调出需要的颜色，并能正确地说出黑、白、红、蓝、绿、黄、棕、灰、粉红、紫等颜色的名称。

根据丁祖荫、哈咏梅于1983年做的幼儿辨色能力的研究，得到以下结果：

(1)幼儿正确辨认颜色的百分率和正确辨认颜色数，随年龄增长而提高。

(2)幼儿正确辨认颜色的百分率，因年龄不同、颜色不同、辨认方式不同而有差异。

(3)幼儿辨认颜色主要在于能否掌握颜色名称，如混合色有明确的名称“淡棕”“桔黄”，幼儿同样可以掌握。

(4)幼儿对某些颜色，如“群青”“天蓝”“古铜”等不能辨认或不善辨认，并非完全缺乏辨色能力，是由于生活中接触机会少，成人没有进行有意识地指导。

(二)听觉

1. **听觉感受性**

听觉感受性包括听觉的绝对感受性和差别感受性。绝对感受性是指分辨最小声音的能力，差别感受性则指分辨不同声音的最小差别的能力。

幼儿的听觉感受性有很大的个别差异。有的幼儿感受性高些，有的则低些。这种个别差异并非天生不变，实际上，幼儿的听觉是在生活条件和教育影响下不断发展的，听觉感受性随年龄增长而不断完善。据研究，儿童在

12～13岁以前，听觉感受性一直在增长，8岁比6岁儿童的听觉感受性几乎增加一倍。

2. **言语听觉**

幼儿辨别语音是在言语交际过程中发展和完善起来的。幼儿中期可以辨别语音的微小差别，到幼儿晚期，几乎可以毫无困难地辨明本族语言包含的各种语音。

教师要注意幼儿听觉方面的缺陷，尤其注意“重听”现象。“重听”是指有些幼儿虽然对别人所说的话听得不清楚，不完全，但是，他们常常能根据说话者的面部表情、嘴唇的动作及当时说话的情境，正确地猜到别人所说的内容。这种现象往往为人们所疏忽，但“重听”对幼儿言语听觉、言语能力和智力的发展都会带来危害，应引起人们的重视。

(三)触觉

触觉是肤觉和运动觉的联合，是幼儿认识世界的重要手段。

1. **视触觉的协调**

视触觉的协调主要表现为眼手探索活动的协调。眼手协调活动是婴儿认知发展过程中的重要里程碑，也是手真正探索活动的开始。

眼手协调动做出现的主要标志是伸手能抓到东西。产生这种动作所要求的知觉条件有：第一，知觉到物体的位置——主要是视觉。第二，知觉到手的位置——主要是动觉。第三，视觉指导手的触觉活动。

幼儿已能很好协调视觉，进而实现对客观事物更精确的反映。

2. **动觉**

幼儿动觉的感觉性随年龄增长而提高。具体表现为幼儿初期对物体的大小、轻重和形状等属性的感知错误率高，精确性差。所采用的方法往往是较低级的同时性比较法。如同时出现两个物体进行比较，找出异同。到幼儿末期，感知的错误明显减少，采用的方法也多为相继性比较法。如先出现一个物体，给予感知，然后再出现一个物体，与前一物体进行比较，找到异同。

此外，反映唇、舌、声带等言语器官运动的言语运动觉也在幼儿的活动中不断发展。

(四)空间知觉

空间知觉包括方位知觉、距离知觉和形状知觉，是用多种感官进行的复合知觉。

1. **方位知觉**

方位知觉是指对物体的空间关系和自己的身体在空间所处位置的知觉，

包括辨别上、下、前、后、左、右、东、西、南、北、中的知觉。

幼儿方位知觉的发展趋势是：3岁辨别上下，4岁开始辨别前后方位，5岁能以自身为中心辨别左右方位，6岁幼儿虽然能完全正确地辨别上下前后四个方位，但以左右方位的相对性来辨别左右仍感困难。因此，教师在音乐、体育等教学活动中，要用“照镜子式”的示范动作，即以幼儿的角度来做示范动作。如教师面向幼儿，要求幼儿伸出右脚，教师自己就应伸出左脚来示范，否则，幼儿会顺着教师的方向，错误地伸出同侧的脚。

2. 距离知觉

距离知觉是辨别物体远近的知觉。幼儿可以分清他们所熟悉的物体或场所的远近，对于比较广阔的空间距离，他们还不能正确认识。幼儿常常不懂得近物大，远物小，近物清楚，远物模糊等感知距离的视觉信号。因此，他们画出的物体也是远近大小不分，在图画中，不善于把现实物体的距离、位置、大小等空间特性正确表现出来，不能正确判断图画中人物的远近位置。如把图画中远处的树理解为小树，把近处的树理解为大树。

为促进幼儿距离知觉的发展，教师可引导幼儿在现实中分析、比较或用实际动作来配合。如用手比一比，走步量一量，结合动作练习目测等。

3. 形状知觉

形状知觉是对物体形状的知觉，它依靠运动觉和视觉的协同活动。幼儿的形状知觉发展得很快，通常3岁的幼儿能区别一些几何图形，如圆形、正方形、三角形等。有研究发现，4～4.5岁是辨认几何图形正确率增长最快的时期。又有实验证明，5岁幼儿能正确辨别各种基本的几何图形，幼儿叫出图形名称比辨认图形要晚。

总之，幼儿的空间知觉有明显发展，但不精确。教师要在实践活动和教育的影响下促进幼儿空间知觉的发展。可以通过绘画、泥工、拼板等玩具，利用散步等为幼儿提供认识空间特性的机会，教给其有关空间特性的语词。

(五)时间知觉

时间知觉是对客观现象的延续性、顺序性和速度的反映。人总是通过某种衡量时间的媒介来反映时间的。任何变化速度均匀的现象都可以作为时间的标尺，其中包括外界的变化，也包括人体内部的一些生理状态。

幼儿前期，主要以人体内部的生理状态来反映时间，如“生物钟”即以生物节律周期来反映“时间”，到点感到饿，想要吃。幼儿前期逐渐能够以外界事物作为时间的标尺。

幼儿初期，已有一些初步的时间概念，但往往和他们具体的生活相联系。如他们理解的“早晨”就是起床，“下午”则是妈妈来接的时候。有时也会用一些带有相对性的时间概念，如“昨天”“明天”，但往往用错。如会说：“我明天去过奶奶家了。”

幼儿中期，可以正确理解“昨天”“明天”，也能运用“早晨”和“晚上”等词，但是对较远的时间，如“前天”“后天”等，理解起来仍感困难。

幼儿晚期，在前面的基础上能理解“前天”“大后天”，并学会看钟表等。但对更大或更小的时间单位，如几个月、几分钟等辨别仍感困难。

鉴于上述特点，对幼儿讲时间问题，应该结合具体事情，如通知他们后天看表演，要解释“后天就是睡了一个晚上，过了一天，再睡一个晚上就到了”。有规律的幼儿园生活，音乐、体育活动中有节奏的动作，观察自然界的规律性变化，对幼儿时间知觉的发展都很有帮助。

第二节　感知特性与幼儿活动

一、感受性变化与幼儿活动

在组织幼儿活动时，应如何注意幼儿感知的特性？

(一)适应

感受性可因刺激的持续时间而降低或提高。如刚进入一个嘈杂的环境，会觉得声音喧闹，听觉不适应，可是过了一会儿，这种不适应就没有了。这就是感受性的降低，甚至完全消失。又如去看电影迟到了，刚进去时，眼睛什么也看不见，过了一段时间后，眼睛的感受性提高了，逐渐就能看清楚东西了。这就是在弱刺激下，感受性提高了。

在组织教育活动中，教师要有效地利用幼儿的适应现象。当班上幼儿在喧嚷时，教师不要提高嗓门，而要带头轻声说话，创造安静的环境，提高幼儿听觉的感受性；如果孩子看书的地方光线变暗，暗适应使他能继续看得见，但这时教师仍要及时把幼儿领到明处或是开灯，以保护幼儿的视力。

(二)对比

同一分析器的各种感觉可以彼此相互作用而使感受性发生变化，这种现象叫感觉的对比。感觉对比有两种：先后(相继)对比和同时对比。如吃了药后，再吃糖，会感觉糖更甜。反之，吃了糖后再吃药，感觉药更苦，这是先后(相继)对比。再如同样明度的灰色长方形，放在白色背景和放在黑色背景上感觉不一样，在白色背景上要显得暗一些，这是同时对比。

幼儿园教师掌握对比规律，对于制作和使用直观教具，提高幼儿的感受性具有重要的实际意义。如用颜色的对比，可以使教室的美术装饰互相衬托，演示的场所利用照明遮光设备，可使儿童看得更清楚。

(三)个体经验对感受性的影响

提高感知的效果，不仅有赖于当前的刺激，也有赖于个体已有的知识和经验。有了经验，往往能迅速而正确地感知周围事物。如果知觉对象的外部标志不很明显，那么通过语言来唤起人们过去的经验，可以提高对知觉对象的感受性。如：有两幅不完整的斑点图(图 A 及图 B)，初看难以判断它们各是什么，经提示，图 A 是狗，幼儿很快知道了。可经反复提示，幼儿仍然不知图 B 是起跑线上的男子，因为幼儿没有(田径运动)这样的经验。

图 A　狗

图 B　起跑线上的男子

(四)提高幼儿的感受性

教育和训练可以提高感受性，如染色工人由于职业需要和实际锻炼，可区分40～60种黑色色调，音乐工作者和调琴师的辨音能力特别强。因此，我们应有计划、有目的地组织幼儿进行专门的练习和各种日常活动来发展幼儿的感知能力，进而提高其感受性。如通过音乐活动，发展幼儿的听觉感受性；通过美工活动，发展幼儿对颜色的知觉和空间知觉能力；通过“奇妙的口袋”等游戏活动，发展幼儿的触觉等。

二、知觉特性与幼儿活动

(一)知觉的选择性与幼儿活动

在日常生活中，同一时间内作用于人的感觉器官的客观事物是多种多样的，而人总是有选择地以个别或少数事物作为知觉的对象，把它们从背景中区分出来，对它们的知觉格外清晰，这就是知觉的选择性。如幼儿在集体活动时，作用于感官的刺激物是很多的，但是，幼儿往往把老师作为知觉的对象，虽然对其他事物也感受到了，但是印象不清晰。

(二)知觉的整体性与幼儿活动

知觉对象由许多具有不同特征的部分组成，但人并不认为它是许多孤立的部分，而是把它看作一个统一的整体，这就是知觉的整体性。如前面提到的不完整斑点图，幼儿不会把它们感知为无意义的斑点，而是一开始就把它们看成是有意义的狗。

(三)知觉的理解性与幼儿活动

在知觉过程中，人总是根据以往的知识、经验来理解当前的知觉对象，并用词把它标识出来，这是知觉的理解性。对事物理解了，知觉就会更快、更深刻、更精确。知觉的理解性有赖于过去已有的知识和经验，幼儿看见图画中人物的形象，能够理解他们的角色，这与已有知识经验有关。

(四)知觉的恒常性与幼儿活动

知觉的恒常性中最主要的是视觉的恒常性。视觉恒常性包括亮度、大小和形状的恒常性。大小恒常性是指远处的一个客体明显变小，但在知觉中仍然保持原有的大小。如人越走越远，幼儿仍然将其知觉为原样的妈妈，并未因人变小而改变。形状恒常性是指对一个客体的常见形状的知觉，不管这个客体是否因远近不同而引起视觉上的差异。如当妈妈走远，甚至身体的某个部分被客体遮挡而看不全面，幼儿仍然能知觉她是妈妈。

(五)知觉对象和背景的关系与幼儿活动

人在感知事物时，并非是面前所有的刺激都能同时被清楚地反映，人总是清晰地感知一些刺激，这些刺激便成为知觉对象。其余的成为背景，对背景的反映不甚清晰。对象是感知的中心；背景则是衬托的部分。在知觉过程中，要把对象从背景中分出来，受以下条件影响。

1. 对象与背景的差别

在一般情况下，对象与背景的差别越大，对象越容易被区分出来；反之，对象与背景的差别越小，则对象越容易消失在背景之中，这种差别包括颜色、形状、声音和强度方面。如一群幼儿中的“老师”极易被感知，因为从个子、形象来看，幼儿和老师有明显的差别。再如花瓶人头双关图中的花瓶、人头都易被感知。

花瓶人头双关图

2. 对象的活动性

在固定不变的背景上，活动的刺激物容易

被知觉为对象，如活动室的背景板前会动的教具极易被幼儿知觉。

3. **刺激物本身各部分的组合**

刺激物本身的结构常常是分出对象的重要条件。在视觉刺激中，凡是距离上接近或形态上相同或相似的各部分容易组成知觉对象。如图A距离上的接近、图B相同或相似所示。又如穿着统一园服的幼儿极易从公园众多的人群中被知觉出来。

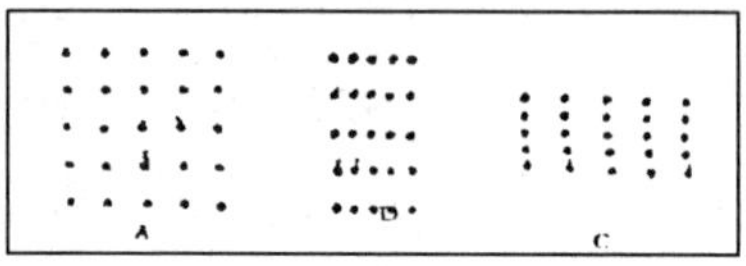

图A　距离上的接近

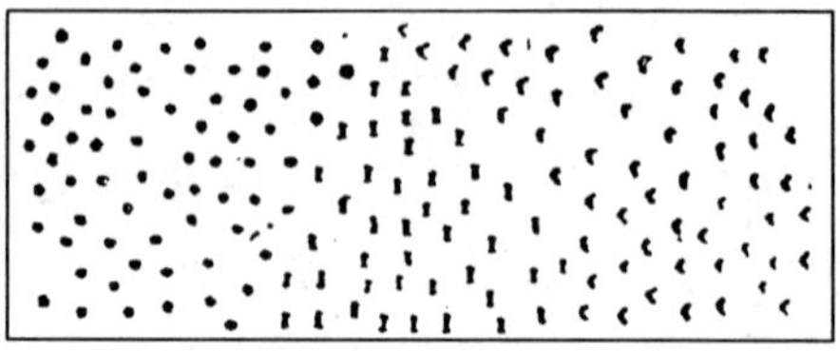

图B　相同或相似

4. **教师的言语与直观材料相结合**

在感知事物的过程中，教师(或旁人)作言语指导，使语言和直观材料结合起来，这对幼儿感知和理解知觉对象有很大的作用。如有些客观材料呈现在孩子面前，孩子一下子观察不清，若教师在一旁讲解，孩子马上明白并理解了知觉对象。如第65页的图B“起跑线上的男子”，经老师语言讲解，孩子起码能看出是一个“蹲”着的人。

三、在活动中发展幼儿的观察力

(一)培养幼儿的观察力

观察是一种有目的、有计划、比较持久的知觉过程，是知觉的高级形态，是人类对客观现实认识的主动形式。因此，培养幼儿的观察力很重要。

1. **帮助幼儿明确观察的目的和任务**

在观察中培养幼儿的目的性，首先就要使幼儿明确从被观察的对象中寻找什么，使观察具有明确的选择性和针对性，同时，要发挥教师的语言指导作用，观察前提出启发引导性问题，观察中进行提示，有针对性地讲解，以更好地帮助幼儿明确目的，提高观察的稳定性。

2. **提供丰富的观察材料，引导幼儿观察概括**

在观察中培养幼儿的概括性，就要为幼儿提供丰富的观察材料，让幼儿在实际活动中学习概括。当然，教师为幼儿提供多种感知材料，要注意每次出示的物体的本质属性不变，但要经常变化其非本质属性，以利于幼儿在观察中学习概括事物的本质属性。如让幼儿观察兔子的形象时，不要总是用白色的兔子，可出示灰色或黑色的，让幼儿来概括兔子的本质属性。

3. **启发幼儿用多种感官方式参与观察**

在进行观察活动时，要启发幼儿用多种感觉器官参加活动，多渠道活动不仅可帮助幼儿对被观察物体形成立体知觉和印象，也有利于提高大脑皮层的分析综合活动的状态和活力。如观察兔子，不但可用视、听感官进行，还可以让幼儿用手触摸，并学一学兔子是怎么跳的，从而帮助幼儿形成有关兔子的完整印象。

4. **教给幼儿有顺序地观察方法**

在观察活动中，教师要按照事物本身的体系，用提问或提示，引导幼儿有顺序地观察，帮助幼儿学会自上而下，从左到右，从前到后，从外到里，从近到远的观察方法。如观察动物时，可这样提示幼儿：先看看动物的头是什么样的，再看看动物的身体，最后再看看身体下面有什么(脚)……在观察中依次提出问题，让幼儿按提问去观察。每次如此，将大大提高幼儿观察的效果。

(二)保护幼儿的感官

幼儿感觉器官的健康发展是感知能力发展的必要前提。因此，保护幼儿的感官(尤其是视觉和听觉器官)，防止发生病变，十分重要。教师在日常活动中，要重视幼儿感官卫生教育。

1. **经常提醒幼儿注意用眼、用耳的卫生**

要求幼儿不要用脏手或脏手帕去揉擦眼睛，不要在光线太强(如太阳光直射)或太暗的地方看书、画画，不在车、船上看书，不在走路时看书，不随意挖耳朵等，以防止这些器官病变。

2. **对有感官缺陷的幼儿给以必要的帮助**

对有感官缺陷的幼儿要及时和家长联系，帮助及时治疗，同时在幼儿园活动和生活中，给这些孩子以必要的帮助，如在集体活动时，让近视、弱视、重听等幼儿尽量靠前坐等。

内容小结

本章首先介绍了感觉和知觉的概念。感觉是人脑对直接作用于感觉器官的客观事物的个别属性的反映。知觉是人脑对直接作用于感受器的客观事物的整体反映。

知觉是在感觉基础上形成的。在实际生活中感知觉是分不开的。感知觉在幼儿的认知活动中占据重要地位。幼儿的情绪和意志行为也常受感知的影响。

幼儿的视觉可分为视觉敏度和颜色视觉两个方面，它们都是随年龄的增长而发展的。

幼儿的听觉感受性包括听觉的绝对感受性和差别感受性。听觉感受性有很大差异。幼儿的言语听觉是在言语交际过程中发展起来的。

触觉是肤觉和运动觉的联合，是幼儿认识世界的重要手段。

空间知觉包括方位知觉、距离知觉和形状知觉。幼儿的空间知觉有明显发展，但不精确。

时间知觉是对客观现象的延续性、顺序性和速度的反映。幼儿期逐渐能够以外界事物作为时间的标尺。

适应和对比属于感受性变化现象。在组织幼儿活动中，要注意感受性变化的规律。个体的经验对感受性的变化也有影响，教育和训练可以提高感受性。

知觉的特性包括选择性、整体性、理解性和恒常性。这些特性以及知觉的对象和背景的关系，对幼儿的活动都有影响。

观察是一种有目的、有计划、比较持久的知觉过程，是知觉的高级形态。要注意培养幼儿的观察力。

思考与练习

1. 名词解释

知觉　视敏度　听觉感受性　方位知觉

2. 如何利用适应对比规律组织幼儿活动？

3. 什么是观察？如何培养幼儿的观察能力？

4. 结合实际谈谈如何保护和发展幼儿的视觉和听觉？

5. 如图为大班幼儿所画，反映了幼儿空间知觉特点形成中的什么问题？为什么？

第五章
幼儿的记忆

本章主要内容

1. 什么是记忆？
2. 幼儿记忆发展有何特点？
3. 记忆与幼儿的活动发展有什么关系？

第一节　幼儿记忆发展的主要特征

一、记忆在幼儿心理发展中的作用

什么是记忆？它对幼儿心理发展有什么作用？

(一)记忆的概念

记忆是人脑对经验的反映。

人们感知过的事物、思考过的问题、体验过的情绪、练习过的动作等，都可以作为经验在头脑中保留下来，并且在一定条件下又能重新反映出来。例如已经练会的钢琴曲，拿到谱后(甚至没有谱)，只要点出曲名，马上就能弹奏出来；做过的数学题，考试时，遇有类似的题目，很轻松就能做出来了，等等。幼儿也是这样，学会了一首歌后，老师一点歌名，孩子马上就能唱起来。这些都是记忆，是经验在人脑中的反映。

记忆是一种比较复杂的认识过程，包括识记、保持、再认、回忆(再现)。

识记，是一个反复感知的过程。多次地看、听、想、触摸等就形成了联系，即刺激物和信号之间建立了联系。如认识某个同学，注意看她的形象，和她交流……这个过程就是加深印象，进行识记。

保持，是通过识记，对头脑中建立的印象进行巩固，保存。

再认，是指过去感知过的事物，重新出现时，我们感到熟悉，确定是我们认知过的(原刺激物出现，能认)。例如，一首曲子呈现在你面前，你觉得熟悉，好像是以前练唱过的，一哼，果然顺利唱下来了。

回忆(再现)，是指过去感知过的事物并没有出现，但由于某种影响而呈现出来(原刺激物没有出现而在头脑中浮现)，如谈起过去某个同学的名字(某种影响)，而在你脑中出现了此同学的形象，可她此时并不在场。

识记、保持、再认和回忆这四个过程是密切联系的。识记、保持是再认和回忆的前提，再认和回忆是识记和保持的结果和证明。这个过程，简单地讲，就是记忆。因此，也可以说“记”是“忆”的前提，没有“记”就没有“忆”；“忆”是“记”的结果和验证，“忆”不出来，说明“记”得不好，没有“忆”，“记”也就失去了意义。

(二)记忆表象及其特征

1. 表象

表象分为记忆表象和想象表象两类。通常所说的表象，是记忆表象的简称。表象是指在头脑中的客观事物的形象，即感知过的事物不在面前而在头脑中呈现出来的形象，如老师在家里休息时仍有班上小朋友活泼可爱的形象在脑中浮现，这形象就是表象。

表象是在感知觉的基础上产生的，因此可根据表象形成过程中起主导作用的感觉器官的种类，将表象分为视觉表象、听觉表象、味觉表象、嗅觉表象等。

2. 特征

(1)直观性(形象性)，表象所反映出来的东西和原物体有相似之处，有一定的逼真感，这就是表象的直观形象性。然而由于此时客观事物不在面前，而是通过回忆浮现出来的，因此它所反映的，仅仅是事物的大体轮廓和一些主要特征，没有感知时得到的形象那样鲜明、完整和稳定。如虽然见过南京长江大桥，脑中有长江大桥的表象，但那仅是对大桥的轮廓和大致的长度有印象，远不如你亲自在大桥看到的那么具体、鲜明。

(2)概括性，表象的概括性反映着同一事物在不同条件下经常表现出来的一般特点，它不是某一次感知所留下的个别特点，如表象中“房子”的形象，一般很难在现实生活中找到对应物，但它又确实具备了房顶、墙壁等“房子”所共有的特征，它是各种各样房子的积累，概括成了“房子”的表象。

表象和思维都具有概括性，但表象的概括用的是形象，思维的概括用的是语词；表象概括的既有事物的本质属性，又有非本质属性，而思维概括的都是事物的本质属性。因此，我们可以把表象看作是由感知向思维过渡的中间环节。

(三)记忆在幼儿生活、游戏、学习等活动中的作用

1. 记忆在幼儿生活中的作用

在日常生活中，常用奶瓶喂婴儿吃奶，当婴儿一看到奶瓶，就做出吃奶的反映。这是他知觉的经验在起作用，将奶瓶的知觉和过去的经验建立了联系，依靠的就是记忆。

2. 记忆在幼儿游戏中的作用

在幼儿的游戏活动中，无论是角色游戏或是结构游戏，孩子都是在进行着想象，而这想象的“原材料”就是通过记忆在幼儿脑中保存下来的事物的表象，即感知过的经验。如果没有这些经验，又谈何游戏呢？如“南京长江大

桥”的搭建，如果没有幼儿头脑中的“原形”，孩子就无法进行这个活动。

3. 记忆在幼儿学习活动中的作用

幼儿期的学习活动是有限的，即使如此，也总有知识经验的积累。只要有积累，就必然离不开记忆。如果幼儿没有记忆，那么就可能出现老师“现在”“将来”永远都在教孩子认识“小兔子”“小猫”，孩子则永远处在“今天”的学习阶段。

二、幼儿记忆的发展特点

幼儿记忆发展有哪些特点？

记忆主要是以再认和再现的方式表现出来的。儿童进入幼儿期后，由于神经系统特别是额叶的成熟，口头言语的迅速发展，生活经验的不断丰富，记忆能力有了很大提高，主要表现出如下特点。

（一）无意记忆为主，有意记忆正在发展

根据记忆有无目的和是否运用一定方法，可把记忆分为有意记忆和无意记忆。

无意记忆是指没有自觉记忆目的和任务，也不需要意志努力的记忆。幼儿的记忆带有很大的无意性，表现在两个方面。其一为记忆的目的不明，他们记住什么，不记住什么，主要决定于：①客观对象的性质，如直观、形象、具体、鲜明、活动着的事物，容易引起他们的识记。②客观对象和主体的关系，如幼儿感兴趣的，能激起幼儿强烈情绪体验的，能满足幼儿个体需要的事物以及成为幼儿活动对象的都易被幼儿识记。反之，幼儿则不易识记。可以说，幼儿所获得的知识，多数是在游戏和其他活动中“自然而然”记住的，有的甚至保持终身。由此而知，人们早期获得的知识大多是无意记忆的结果。其二为幼儿不会自觉地运用反复识记的办法来记住某件事情。

有意记忆是指按一定的目的和任务，需要采取积极思维活动的记忆。幼儿的有意记忆较差。随着幼儿言语的发展和教育的作用，有意义记忆开始发展。如幼儿老师常要求小朋友背诵一些简单的儿歌，到中大班，又要求孩子复述故事，要他们回忆星期天干了什么等，这些都是有意识地教育和发展幼儿的有意记忆能力，当然，这些必须在幼儿言语发展的基础上进行。

中、大班以后的孩子，言语能力发展很快，与之相联系的记忆力也发生了质的变化。中、大班幼儿不仅能努力记住和再现所需要的材料，还能运用一些最简单的方法来加强记忆。如一位5岁的幼儿，在听了老师对他的嘱托

以后说："请你再讲一遍，要不，我会忘的。"

另外，必须明确的是，活动的动机对儿童记忆的有意性和积极性有很大的影响。实验证明，幼儿在游戏中的有意记忆效果比在实验条件下的有意记忆效果好。这是因为在游戏中的游戏规则和孩子自身的运动有关，若不记住，严格遵守，则不能再次参加游戏，关系到他的切身利益，主观上他会努力去记规则，而在一般实验中，却是主试要求他这样做，他是被动的，记忆积极性不高，所以幼儿活动的动机深深影响着有意记忆的积极性。

(二)形象记忆为主，词语逻辑记忆正在发展

根据识记材料的内容，可将记忆分为形象记忆和词语逻辑记忆。其中，形象记忆又可分为运动记忆、情绪记忆和狭义的形象记忆三类。

运动记忆是指对自己的动作或身体运动的记忆。幼儿学会的各种动作，掌握的各种生活、学习、劳动及运动技能，都需运动记忆。儿童最早出现的就是运动记忆，如吃奶时身体被抱成一定姿势，形成条件反射，是儿童最早出现的记忆。

情绪记忆是对经历过的情绪或情感的记忆，如在幼儿园被关过小黑屋的孩子，此段恐惧的情绪经历不易忘去。可以说儿童喜爱什么、依恋什么、厌恶什么、害怕什么都是情绪记忆的结果。整个幼儿期，幼儿记忆都带有强烈的情绪性。

形象记忆(狭义)是根据具体的形象来识记各种材料，如婴儿认生现象就是形象记忆的表现。

词语逻辑记忆是以概念、判断、推理等为内容的记忆，如我们对定理、公式等的记忆就是逻辑记忆。这种记忆的内容是通过语词表达出来的，故称词语逻辑记忆。这种记忆出现得比较晚，是随儿童言语的发展而逐渐形成的。在幼儿的记忆中，形象记忆占主要地位，词语逻辑记忆正在迅速发展。他们最容易记住的是那些具体的、直观形象的材料(见表5-1)。同时，对于

表5-1　幼儿形象记忆与词语记忆的比较(之一)

年龄(岁)	平均再现量		
	物体形象	语词	两种记忆效果比较
3～4	3.9	1.8	2.1∶1
4～5	4.4	3.6	1.2∶1
5～6	5.1	4.3	1.1∶1
6～7	5.6	4.8	1.1∶1

各年龄段儿童来说，形象记忆和词语逻辑记忆的能力均随年龄的增长而提高，并且词语记忆发展速度大于形象记忆。但是，由于幼儿的思维能力很低，言语尚不能在词语记忆中起独立作用，所以幼儿形象记忆效果好于词语逻辑记忆。

研究表明，幼儿记忆熟悉的事物和熟悉的词，都比记忆生疏的事物和词的效果好(见表5-2)，原因在于前者有语词参加。对于熟悉的事物，儿童一般掌握了它们的名称，因此在记忆中形象和语词是紧密联系在一起的。当幼儿在记忆熟悉的词时，一提到词，它所代表的事物的形象就会马上呈现在头脑中，成为词语记忆的形象支柱，因此，记忆效果明显优于记忆生词。可见，形象与词语的结合有利于提高记忆效果。

表5-2　幼儿形象记忆与词语记忆的比较(之二)

年龄(岁)	平均再现量			
	熟悉的物	熟悉的词	生疏的物	生疏的词
4～5	4.3	2.4	1.9	0.1
6～7	6.1	4.0	3.7	2.1

(三)意义记忆效果优于机械记忆

根据识记时对材料是否理解而将记忆分为机械记忆和意义记忆。

机械记忆是在不了解材料意义的情况下，只根据材料的表现形式，采用简单重复的方法进行的一种记忆，即所谓“死记硬背”。

意义记忆是根据材料的意义和逻辑关系，运用有关经验进行的一种识记。

由于幼儿的知识经验比较贫乏，对事物的理解能力差，记忆带有很大的直观形象性，因而他们往往只能记住一些事物的表面特征和外部联系，因此机械记忆表现突出。

在正确教育的影响下，幼儿的意义记忆开始发展起来。4岁以后，幼儿的生活内容更加丰富，对事物的理解能力有一定提高，且言语能力也有很大提高。此时，他们不再以机械记忆为主了，他们会对识记材料进行分析、改造。如复述故事时，他们不再单纯地模仿，他们会或多或少地进行逻辑加工，有时会用熟悉的词来代替较生疏的词，有时省略或加进某些细节。这都说明幼儿开始有意记忆，而且在发展。实验表明，幼儿的有意记忆效果好于机械记忆(见表5-3)。

表 5-3　不同年龄幼儿有意记忆和机械记忆的比较(%)

年龄(岁)	有意记忆	机械记忆
4	47	4
5	64	12
6	72	26
7	77	48

为什么有意记忆效果好于机械记忆？原因在于有意记忆可以依靠过去的知识经验，也就是把识记材料纳入已有的知识经验中去。这样，新材料在头脑中就不是孤立的，而是融于原有的知识经验系统之中，通过已有的概括性联系进行识记，可以提高效果。

这两种记忆不是相互排斥对立的，在现实生活中，它们是互相联系的。对于某些不能理解或很陌生的材料，机械识记的材料就多些；对理解或熟悉的材料可运用有意识记。对于幼儿来说，最有效的办法是在理解的基础上进行识记。如教幼儿认识阿拉伯数字“6”，可将字形与“哨子”形象联系起来，建立人为的意义联系，并在此基础上反复练习，加以巩固。

第二节　幼儿的记忆与幼儿的活动

一、活动的性质与幼儿的记忆

想一想，在活动中怎样才能提高幼儿记忆的效果？

幼儿以无意记忆为主，要提高幼儿的记忆效果，主要依据下列因素。

(一)活动材料的性质

如前所述，直观、形象、具体、鲜明的事物以其突出的特点易引起幼儿集中注意，也容易被幼儿在无意中记住。如爸爸下班带回来几个气球，只有一只是大红色的，这只大红色的气球很容易被孩子记住。

(二)活动与幼儿主体的关系

对幼儿生活有重要意义的事物，符合幼儿兴趣的事物，能激起幼儿愉快、不愉快或惊奇等强烈情绪体验的活动，都易成为幼儿无意记忆的内容。如幼儿想去“水上世界”玩，在玩的过程中，情绪愉快使幼儿久久不忘，总想再去。

(三)记忆对象成为幼儿活动追求的对象

如果使记忆材料成为幼儿活动中的主要对象，幼儿在活动中始终不能离开对该对象的认知，那么，对这种对象进行记忆的效果也较好。如在幼儿园里，孩子经常在园内活动，却不知有几种树。老师组织幼儿开展“找春天”活动，比赛谁找到的“春天”(内容)多，孩子自然而然记住了幼儿园有多少种树。

(四)活动中感官可参加的数量

多种感官参加的记忆效果较好。如认识桔子，老师让幼儿看看、嗅嗅、摸摸、尝尝，要比只一味让幼儿看，老师讲，记忆效果好。

二、幼儿的兴趣、积极性与记忆

(一)活动动机

活动的动机对幼儿记忆的积极性和效果有很大影响。把幼儿带到实验室里，简单要求他们完成记忆任务，幼儿对这种活动缺乏积极性，不感兴趣，记忆效果就较差。而在幼儿感兴趣的游戏活动中，记忆效果就比较好。

(二)幼儿的兴趣

幼儿参加活动的兴趣不同，记忆的效果也不同。如幼儿在完成学习任务和参加竞赛性活动等不同条件下的记忆结果表明：幼儿对竞赛性活动的兴趣较大，积极性也高，记忆效果就比较好。

三、记忆的保持、遗忘规律与幼儿活动的组织

(一)记忆的保持、遗忘及遗忘规律

1. 保持和遗忘

保持，是过去识记过的事物形象在头脑中得到巩固的过程。遗忘，是对识记过的材料不能再认和再现，或者是错误的再认和再现。保持和遗忘是相反的过程，也是同一记忆活动的两个方面：保持住的东西就是没被遗忘，而遗忘的东西就是没被保持住。保持越多，遗忘越少。记忆力强的人总是能保持得很多而极少遗忘。

从现代心理学的观点看，遗忘并非全是坏事。事实上人也不可能将接受的所有信息无一遗漏地保持住。适当的遗忘甚至可促进人的心理健康，提高工作和学习效率。如与人争吵引起不愉快的情绪体验，就不应耿耿于怀，长久不忘，而应该主动将它排解、遗忘。

2. **遗忘规律**

心理学研究表明，遗忘是有规律的。德国心理学家艾宾浩斯最早对遗忘现象作了比较系统的实验研究。为避免经验对学习和记忆的影响，他在实验中用无意义音节作学习材料，以重学时所节省的时间或次数为指标测量了遗忘的进程。实验表明，在学习材料记熟后，间隔20分钟重新学习，可节省诵读时间58.2%；一天后再学可节省时间33.7%；六天以后再学习节省时间缓慢下降到25.4%。依据这些数据绘制的曲线就是著名的"艾宾浩斯遗忘曲线"(见下图)。在艾宾浩斯之后，许多心理学家用无意义材料和有意义材料对遗忘的进程进行研究，结果都证明艾宾浩斯遗忘曲线是正确的。

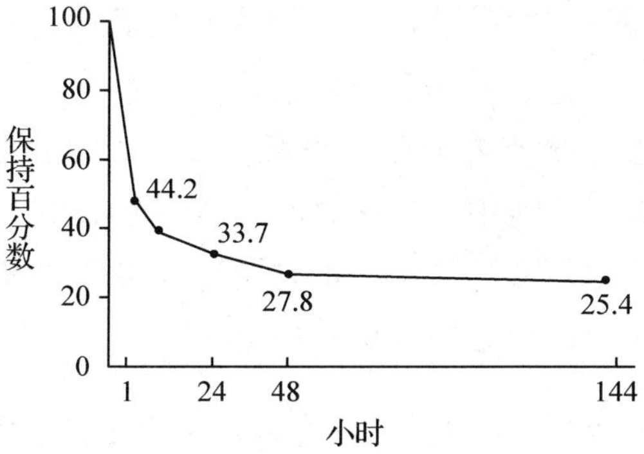

艾宾浩斯遗忘曲线

从遗忘曲线中看出，遗忘的进程是不均衡的。在学习停止以后的短时期内，遗忘特别迅速，后来逐渐缓慢，到了相当时间，几乎不再遗忘了，遗忘的发展是"先快后慢"，因此学习后及时复习是很重要的。

(二)幼儿识记材料的组织

1. **帮助幼儿进行及时、合理的复习**

幼儿记忆保持的时间较短，记忆的正确性差，容易发生遗忘，因此，帮助幼儿及时复习是十分重要的。在幼儿的教育活动中，对于一些目标中要求幼儿掌握的知识技能，教师要帮助幼儿及时复习巩固。同一内容要多次复习，才能被幼儿掌握。如幼儿在活动中学习了某些儿歌后，可在活动的延伸"渠道"中让其反复表演、复习。复习的方式应灵活多变，避免单调，否则会引起幼儿神经细胞的疲劳，从而降低效果。

2. **识记材料要形象，方法要有趣**

幼儿的记忆以无意的形象记忆为主，因此在幼儿教育活动中，教师应选择那些色彩鲜明、形象具体生动的内容来吸引幼儿。在解释抽象的概念时，应以具体的教、玩来协助演示，以一定的形象为支柱，使幼儿加深对抽象语词、概念的记忆，从而提高记忆效率。

此外，教师还要采用生动、活泼、幼儿喜爱的教学形式与方法来开展教育活动，如表演木偶戏、录像、录音等，都易引起幼儿的兴趣，使他们在轻松愉快的情绪中获得深刻印象，从而提高记忆效果。

3. 帮助幼儿理解识记材料

实验表明，幼儿有意记忆效果好于机械记忆。因此在幼儿教育活动中，教师要采用多种方法，尽量帮助幼儿理解所要识记的材料。同时，还要指导幼儿在记忆过程中进行积极的思维活动，逐渐学会从事物内部联系上去识记材料。如学习古诗《悯农》，老师先将内容绘制成图画，并给以讲解，使幼儿理解“锄禾”“汗滴禾下土”“辛苦”，结合幼儿的生活经验让幼儿自己来讲，结果一节课下来，孩子们大多记住了全诗内容。

4. 让幼儿采用多种感官参与记忆过程

实验证明，在识记活动中，有多种感官参与的记忆效果较好。如认识兔子，幼儿可以看兔子的外形，摸兔子的皮毛，学兔子的蹦跳，从而对兔子的形象认识就比较“立体”，记忆效果就比较好。

四、幼儿记忆发展中易出现的问题及教育措施

(一)偶发记忆

在幼儿记忆的发展过程中，还存在着一种被称为偶发记忆的现象。这种现象是指当要求幼儿记住某样东西时，他往往记住的是和这件东西一道出现的其他东西。如有实验者把画有各种幼儿熟悉的物体并涂有各种颜色的图片呈现在幼儿面前，要求幼儿记住物体并加以复述，这是中心记忆课题。偶发记忆课题则要求幼儿复述图片的颜色(事先并未对幼儿要求)。结果发现偶发记忆现象在幼儿身上表现明显。在幼儿园里我们常看到，教师出示贴绒小鸭，问幼儿有几只鸭子，有的幼儿却答成鸭子是黄颜色的。这是由于幼儿对课题选择的注意力、目的性不明确，把没必要的偶发记忆课题也记住了，结果使中心记忆课题完成效果不佳。幼儿教师要重视这种幼儿特有的记忆现象，注意引导幼儿朝有意记忆方向努力发展。

(二)“说谎”问题

幼儿的记忆存在着正确性差的特点，容易受暗示，容易把现实与想象混淆，用自己虚构的内容来补充记忆中残缺的部分，把主观臆想的事情当作自己亲身经历过的事情来回忆。教师应该正确对待这种现象，假如幼儿是由于记忆失实而出现言语描述与实际情况不符，那么不能看作是有意说谎。这是

由于幼儿心理发展不成熟而造成的，随着年龄的增长，幼儿的这种情况会有改变。因此，教师不能随便指责幼儿“不诚实”，而是要耐心地帮助孩子把事实弄清楚，把现实的东西和想象的东西区分开来。

内容小结

记忆是人脑对经验的反映。记忆过程包括识记、保持、再认、回忆。

识记是反复感知的过程。保持是通过识记对头脑中建立的印象进行巩固、保持下来。再认则是指过去感知过的事物，重新出现时能认出来。回忆则是指过去感知过的事物没有出现，但由于某种影响而浮现出来。识记和保持是再认和回忆的前提。这四个过程是有密切联系的。

表象是指事物不在面前而在头脑中呈现出来的形象。表象可分为记忆表象和想象表象。表象的特征是直观性和概括性。

记忆在幼儿的生活、游戏和学习活动中都有重要作用。

幼儿记忆的发展特点是：无意记忆为主，有意记忆正在发展；形象记忆为主，词语逻辑记忆正在发展；意义记忆的效果优于机械记忆。

活动的性质和兴趣对幼儿的记忆都有影响。

记忆的保持有其相反的过程，即遗忘。遗忘是有规律的。

要根据幼儿记忆的特点组织幼儿的记忆活动，正确对待幼儿记忆发展中易出现的问题。

思考与练习

1. 名词解释：

记忆　识记　保持　再认　回忆　表象　无意记忆　有意记忆　形象记忆　词语逻辑记忆　意义记忆　机械记忆　遗忘

2. 分析艾宾浩斯遗忘曲线，并说说其现实意义。

3. 幼儿记忆有何特点？结合见习活动谈谈如何在活动中发展幼儿的记忆。

第六章
幼儿的想象与创造性

本章主要内容

1. 什么是想象？
2. 幼儿想象发展有何特点？
3. 想象与幼儿的活动发展有什么关系？
4. 幼儿的创造性都有哪些表现？

第一节　幼儿想象发展的主要特征

一、想象在幼儿心理发展中的作用

什么是想象？想象在幼儿心理发展中有何作用？

(一)想象的概念

想象是人脑在一定刺激的影响下对已有表象进行加工改造而形成新形象的心理过程。如一名 6 岁儿童画的未来的交通工具(见右图)，就是对汽车和直升飞机的表象进行加工、改造而产生出的新形象。孩子自己解释为：去外婆家，就让“它”飞起来，到那个城市，就降落在公路上，到外婆家就快了。

未来的交通工具

想象中的形象似乎是我们从未感知过的，有些甚至是现实生活中根本不存在的形象，如《西游记》中的孙悟空、猪八戒，《聊斋志异》中的狐仙等都是客观现实中根本不存在的东西。这些形象是人们自身想象出来的，而这些形象无一不是我们中国人的打扮。可见人是根据自己的感知经验，即记忆表象进行想象的。从这个意义上看，想象，归根结底还是对客观现实的反映。

(二)想象在幼儿心理发展中的作用

1. 想象在幼儿的学习、游戏等实践活动中的重要意义

(1)想象在幼儿学习中的作用。人们在认识客观事物的过程中，可以通过直接感知获得对事物的认识，但人不可能事事都亲身实践，因此就有必要通过他人的描述间接地获得对客观事物的认识。人们在获取间接认识的过程中，没有想象是无法构建出新形象、新知识的。想象在幼儿学习活动中帮助幼儿掌握抽象的概念，理解较为复杂的知识，创造性地完成学习任务。例如幼儿在学习“4 可以分成 2 和 2”的组成概念时，教师可以用直观的语言激发幼儿的想象，让幼儿通过实物表象(如头脑中出现 4 个桔子分两份的想法)理解数的组成概念。又如语言课中的续编故事，教师讲出故事的前半部分，让幼儿通过想象编出不同的结尾来。在其他课程的学习中，幼儿也离不开想象这一心理过程。缺乏想象力的幼儿是无法取得良好的学习效果的。

(2)想象在幼儿游戏中的作用。幼儿的主要活动是游戏，在游戏中，幼儿的想象起着极为重要的作用。在角色游戏中，角色的扮演、游戏材料的使用、游戏的整个过程等都要依靠幼儿的想象过程。如“娃娃家”游戏中“爸爸、妈妈”使用纱布做成的包子、馒头，木棍代替的菜勺，炒菜、烧饭、带孩子看病的活动，都是经过幼儿的“假想”而成的。如果没有想象，这种“虚构的”活动便无法开展。在结构游戏中，幼儿必须对结构材料、结构物体进行想象，通过一定的建构技能才能“创造”出一定的结构活动。因此，想象在幼儿游戏活动中起关键作用。通过各种方法发展幼儿的想象力，可以促进幼儿游戏水平的提高。

2. 想象的发展是幼儿创造思维发展的核心

人的创造力主要表现在一个人的创造思维方面，而创造思维一般可以分为三个方面：直觉、灵感和想象。换言之，想象是创造思维的一个主要方面。对于幼儿来说，创造思维的核心就是想象。

我们评价幼儿创造思维的水平主要是从想象的水平出发的。丰富的想象是幼儿创造思想的表现，如儿童画“月亮上荡秋千”就充满了丰富的想象，因此才可能获得很高的评价。

既然想象是幼儿创造思维的核心，就应该充分发展幼儿的想象，以更好地促进幼儿心理的发展。

二、幼儿想象的主要特征

幼儿想象发展有什么特点？

进入幼儿期，孩子的知识经验积累得更多，言语能力大大提高，分析、综合能力也有所提高，于是在他们的学习、生活、劳动、游戏等活动中，想象活动踊跃地表现出来。概括起来，幼儿的想象特点大致有如下方面。

(一)无意想象为主，有意想象开始发展

按照想象的目的性和自觉性可分为无意想象和有意想象。无意想象是指没有预定目的和意图，在一定的刺激影响下，不由自主地进行的想象。如看着天上的白云，把它想象成一匹马、一辆坦克或其他物体；听故事时，不知不觉地随着故事情节追踪下去等。无意想象是最简单、最初级的想象。

梦是无意想象的极端形式，是完全无目的被动的想象。从生理角度看，睡眠时，大脑皮层上有些区点(知觉痕迹)的神经细胞没有抑制，各自之间进

行了重新组合，从而形成了梦。梦中的形象，往往不是以前感知过的事物的再现，有时甚至是荒诞无稽的，有的则和现实生活有一定关联，但又不是现实生活的再现，梦的构成材料是做梦者曾经经历过的事物的形象。这说明梦境材料来自于客观现实。

有意想象是指根据一定的目的，自觉地创造出新形象的过程。人们在实践活动中，为实现某个目标，完成某项任务所进行的活动都属于有意想象。如为打一件新毛衣，妈妈想象打什么花色；为搭一座大桥，幼儿想象用什么结构材料等都是有意想象。

幼儿以无意想象为主，主要从以下方面归纳而得的。

1. **想象的目的性不明确**

幼儿想象的产生，常是由外界刺激物直接引起的，想象活动不能指向一定的目的，如幼儿拿起小竹竿，就把它想象成一匹小马，可以进行骑马活动。在幼儿园晨间活动中，我们看到小班幼儿在玩胶粒插塑，问他，想搭个什么呀？他不吱声，等搭好了，在成人看来不像个什么，他就告诉你，这是望远镜。孩子越小，想象的目的越不明确，也就越以想象过程为满足。

2. **想象的主题易受外界的干扰而变化**

幼儿初期的孩子，想象不能按一定的目的坚持下去。很容易从一个主题转换到另一个主题。这主要是由幼儿初期孩子的直觉行动性思维决定的。如在游戏中，孩子一会儿当服务员，一会儿又去当老师。在画画中也如此，一会儿画树，看到别人画兔子，他又去画兔子吃萝卜。想象主题极不稳定，易受干扰而变化。

3. **想象过程受兴趣和情绪的影响**

幼儿在想象过程中常表现出很强的兴趣和情绪。情绪高涨时，幼儿想象就活跃，不断出现新的想象结果。在幼儿园，老师亲了一下孩子，那么他就会产生丰富的联想，头脑中浮现出老师喜欢他的情景。又如“老鹰捉小鸡”的游戏本应以小鸡被老鹰抓走而告终，可孩子们同情小鸡，又产生这样的想象：鸡妈妈和鸡爸爸赶来，把老鹰啄死，救回了小鸡。

另外，兴趣也影响孩子的想象。幼儿感兴趣的游戏和学习，他就会长时间去想象，专注于这个活动；而对不感兴趣的活动，则缺乏想象，往往是消极地应付或远离这项活动。如大班孩子玩塑料插花，只能玩一会儿就是这个原因。因此幼儿想象过程的方向、想象的结果、想象的丰富程度受情绪和兴趣的影响较大。

在教育的影响下，幼儿的有意想象开始发展。中班以后，幼儿的想象已具有一定的有意性和目的性。如通过老师对故事前半部分的描述，幼儿会有意想象，续编故事的结尾。续编故事体现出孩子已有明确的想象目的，想象的有意性开始发展了，而且想象的内容也日益丰富。大班以后，幼儿的想象还有了独立性。如有的孩子在听了神话故事后，会为主人公的命运担心，而有的小朋友则会说："不用怕，这故事是假的。"从中不难看出，随着年龄的增长，幼儿想象的有意性开始发展，并逐步丰富起来。

(二)再造想象为主，创造想象开始发展

按想象内容的新颖性、独立性和创造性，想象可分为再造想象和创造想象。

1. **再造想象**

再造想象是指根据对没有直接感知过的事物的语言文字的描述或图样、图纸、符号的示意，而在头脑中形成有关这一客体新形象的过程。

这里的"再造"，一方面是指这些新形象对自己来讲是没有亲身感知过，仅根据当前任务和所提供的材料，在词语或其他东西的调节下运用个人经验，在头脑中加工再造出来的。如读着鲁迅的《阿Q正传》，脑中浮现出阿Q的形象来。另一方面这种新形象并非自己独创，如看着书上的介绍，尝试自己制作衣服。

再造想象在工作、学习、劳动中有重大意义。通过再造想象，能更完整、准确地去体会别人的经验，理解别人的处境。所谓"设身处地"为别人想(换位思考)就是再造想象，如学生要替老师想想"假如我是老师"，同学要替班干部想想"假如我是班长"等。通过再造想象，可以更好地进行交流，以此丰富自身的知识经验。

2. **创造想象**

创造想象是指根据一定的目的和任务，不依赖现存的描述而独立创造出新形象的过程。它比再造想象更复杂、更困难，具有很大的独特性和创造性，如鲁迅创作的阿Q形象、科学家的发明创造等。

创造想象和再造想象既有区别又有联系。它们的区别在于：同样是"造"，再造想象出来的形象是现实生活中已有的事物，是描述者知道而想象者不知道的事物；创造想象出来的形象是所有的人都不知道，现实生活中甚至可能不存在的事物，它们两者的联系表现在创造是在再造的基础上形成的，创造有再造的因素。再造想象贫乏的人是不可能有丰富的创造想象的。因此，要培养人的创造力，首先要培养人的再造想象。

整个幼儿时期，幼儿是以再造想象为主的。表现为，想象在很大程度上具有复制性和模仿性。如孩子看到布娃娃，随手抓起并做出喂其吃东西和哄其睡觉的动作。这实际上是模仿妈妈的动作，离不开他的生活经验。因此可以说小班幼儿的再造想象是以复制式再造想象为主的。这是较低发展水平的想象，它要求的独立性和创造性较少，从内容上可分为五类。

(1)经验性想象，幼儿凭借个人生活经验和个人经历开展想象活动。如中班的超超对夏日的想象是："小朋友们在水上世界玩，一会儿游泳，一会儿打滑梯，一会儿又吃冷饮。"

(2)情境性想象，幼儿的想象活动是由画面的整个情境引起的。如中班的霓霓对"暑假"的想象是，坐在电风扇下，阿婆从冰箱中拿出西瓜让我们一起吃。

(3)愿望性想象，在想象中表露出个人的愿望。如大班的苏立说："妈妈，我长大了也想和你一样，做一个老师。"

(4)拟人化想象，把客观物体想象成人，用人的生活、思想、情感、语言等去描述。如中班的霓霓去"海底世界"玩，回来后对妈妈说："有的鱼睁着眼睛在盯着我看，好像在说'我似乎认识你'。"

(5)夸张性想象，幼儿常常喜欢夸大事物的某些特征和情节。如在幼儿的画中，可以发现幼儿画的长颈鹿，从比例来看，脖子特别长，画的大象头特别大，鼻子特别长，这些夸大部分常是幼儿印象深刻的部分。

在教育的影响下，幼儿在中班以后，再造想象中开始出现创造性的成分。如画了大轮船以后，会在旁边画上几条小鱼；在画了节日的大灯笼后，会在旁边添几个气球。有时，幼儿也会有一些富有创造性的作品，如胡晓舟的《在月亮上荡秋千》美术作品，已萌发出非常可喜的创造因素，老师要给以保护、鼓励，并创造条件促使幼儿创造性想象的发展。

(三)想象有时和现实混淆

幼儿时期，常将想象和现实进行混淆，表现在三个方面：

(1)把渴望得到的东西说成已经得到。如有的幼儿看到别人有漂亮的娃娃或"冲锋枪"，他会说，"我们家也有。"可事实没有。

(2)把希望发生的事情当成已发生的事情来描述。如一位中班小朋友听邻居讲去玄武湖公园玩的事，很开心。于是这位小朋友也有了去玄武湖玩的愿望。他把玩的"过程"想象了一下(根据别人的描述而想象)，然后到幼儿园去对同伴说他自己去玄武湖公园玩的"经历"。

(3)在参加游戏或欣赏文艺作品时，往往身临其境，与角色产生同样的情绪反应。如幼儿园里小班幼儿正在玩"狡猾的狐狸，你在哪里"的游戏，当老师扮演的狐狸逮着小鸡(小朋友饰)，装着要吃她的时候，这个孩子大哭起来拼命挣扎说："你是老师，怎么可以吃人呢！"

整个幼儿时期，幼儿的想象是以无意想象为主，有意想象开始发展；再造想象为主，创造性想象开始发展；想象有时会和现实混淆。据此，有人说，幼儿时期是想象发展最快的时期，甚至比成人更善于想象。这是不正确的，因为想象的水平直接取决于表象的数量和质量以及分析综合能力的发展程度，而幼儿的知识经验和语言水平都远不如成人，且表象的丰富性和准确性都较差，思维也不如成人，所以幼儿想象的有意性、协调性、丰富性和创造性都不会超过成人。

三、幼儿创造性的表现

幼儿创造性都有什么样的表现特点？

（一）幼儿创造性及表现

创造性是与人的创造想象有着密切联系的，是一种行为表现。幼儿创造性是指幼儿根据一定的目的或意愿，在已有知识经验的基础上，经创造性的想象，用新颖、独特的方法产生具有个人价值结果的一种心理品质。（陈帼眉、姜勇，2007）

幼儿创造性具体表现在以下几个方面。

1. 幼儿创造性突出表现在想象力上

爱因斯坦曾经说过："想象力比知识更重要。因为知识是有限的，而想象力概括着世界上的一切，推动进步，并且是知识的源泉。"1987 年诺贝尔医学奖得主，教授图根加沃（Tongawa）曾说过："人类原本就拥有发挥创造性的本能。"幼儿的创造性在很多时候表现在想象力上，这与其年龄特点有重要关系。3～6 岁的幼儿正处于探索周围事物的关键时期，好奇心强，较少受社会文化的影响，如"桌子"在成人看来就是吃饭、看书、写字的地方，但幼儿会认为它还可以是"藏猫猫"的地方，幼儿想象力十分丰富，较少受已有知识经验的制约。

2. 幼儿创造性表现为具有好奇心

愿意了解和接触事物，即了解和接触事物的"心向"，是幼儿创造性的一个重要表现。3～6 岁儿童对周围事物有着强烈的好奇心，总有问不完的问题。例如，一个小女孩在公共汽车上向父亲提出了几个问题：车子朝前开，树为什么不和我们一起朝前跑呢？小孩子吃饭、喝牛奶就能长大，那树吃什么、喝什么才能长大？好奇心是创造性的巨大动力，是创造性想象不断发展的条件。

3. **幼儿创造性就是善于组织自己的“材料”**

对幼儿来说，创造性并非要创造一个新奇的产品，而更多表现在能根据相关经验，组织这些经验与材料。幼儿的再造想象就是对经验进行组织加工的想象，对幼儿创造性发展有着积极的意义。例如，幼儿会根据自己的经验摆弄新奇的东西，幼儿会拆钟，他会看是什么在推动指针走；拆开玩具按自己的意愿重新组装，或者利用普通材料和各种废弃物制作玩具等。在摆弄操作过程中，幼儿不断组织自己的经验与“材料”，这同样是创造性活动的过程。

4. **幼儿创造性常常体现于游戏活动中**

游戏是幼儿的天性，游戏蕴藏着幼儿的学习需要和教育契机。幼儿创造性地反映现实生活，在游戏中体现得最为淋漓尽致，这是由游戏的本质决定的。在游戏活动中，幼儿经常会有创造性的表现。例如，角色扮演游戏就是一种创造性游戏，是幼儿根据自己的生活经验，以想象为中心，主动、创造性地反映周围现实生活的游戏。幼儿的游戏是对周围生活种种现象的再现或模仿，但这种再现或模仿并不是简单地、直接地再现周围生活现象，而是幼儿再造想象、创造想象的结果。例如，在一次有关车辆的主题活动中，孩子们说马路上的车型都是方形、梯形的，不好看，“如果有各种形状的车，该多好”。教师立刻对孩子们富有新意的想法表示赞赏，并鼓励幼儿运用已学的技能进行创造性尝试。果然，一辆辆童趣盎然的动物车诞生了：小猫改装成警车；长颈鹿改装成多层车；蚂蚁改装成垃圾车；大象改装成洒水车……各种车辆都根据动物的不同特征、习性来改装。

(二)幼儿创造性学习的特征

幼儿创造性学习是指幼儿在学习活动中所具有的创造性人格特征与创造性思维过程。它强调幼儿在学习中的主体性和能动性，强调自我建构、自我发现在学习中的重要作用。当教师不在身边时，创造性学习有助于儿童的有效学习；它为解决无法预料的问题创造了可能性；它可以引起生活中的重大变化，它可能带来强烈的满意感和愉悦感。那么，幼儿的创造性学习有哪些特征呢？

1. **创造性学习强调学习的主动性**

首先，幼儿是主动的学习者。教育目标，尤其是创造性教育目标能否实现，要在幼儿的游戏和学习活动中体现出来。在创造性学习目标上，幼儿不仅能获得教师传授的知识，而且还对教师所传授的内容进行思考，提出疑问，自主而有选择地吸收。

其次，幼儿是学习活动的主人。儿童学习的积极性是成功学习的基础，当幼儿主动学习、主动认知、主动获取教育内容时，他们就能更好地认识世界，促进自我发展。从一定意义上说，主动学习是创造性学习的基础，幼儿是创造性学习的主人，创造性学习只有在幼儿主动学习的过程中才能实现。

最后，幼儿是探索者和追求者。在创造性学习活动中，幼儿是积极的探索者和追求者。对幼儿来说，学习不只是知识的简单增加，学习的每部分都会与某种学习经验、知识和文化相互贯穿，并导致其态度、个性、人格及未来选择方向发生变化。只有发挥主体性，创设有助于幼儿自由发挥想象的空间，才能使幼儿的学习更有创造性。

2. 创造性学习离不开学习动机

幼儿的学习水平往往取决于其“爱学”的程度。幼儿的学习活动，是由各种不同的动力因素组成的整个动机系统所激发的，其心理因素主要是需要及其各种表现形态，诸如兴趣、爱好、态度、理想和信念等，其次是情感因素。研究表明，幼儿的创造性学习与兴趣、动机密切相关。创造性学习来自创造活动的学习动机，所以创造型幼儿的学习动机系统有其独特的地方。在学习兴趣上，创造型幼儿有强烈的好奇心，有旺盛的求知欲，对智力活动有广泛的兴趣，表现出出众的意志品质，能排除外界干扰而长期专注于某个感兴趣的问题上；在学习动机上，创造型幼儿对事物的变化机制有深究的动机，渴望找到疑难问题的答案，喜欢找缺点并加以批判，且对自己的直觉能力表示自信；在学习态度上，创造型幼儿对感兴趣的事物愿花大量的时间去探究；在思考问题的范围与领域上，往往不为教师所左右。

3. 创造性学习追求有创意的学习目标

创造性学习的目标主要不是知识与技能的获得，而是在学习过程中的创造性能力与水平。幼儿的创造性学习在一定意义上更是一种创造性活动。创造性学习的一项重要指标是通过产生创造性产品(结果)来体现的。产品(结果)看得见，摸得着，易于把握，如孩子的画、孩子的泥工、孩子的玩具等。尽管这种产品(结果)不直接得到实际应用，也不见得尽善尽美，但形成创造性产品(结果)是创造性学习的重要目标。在学习途径上，创造型幼儿对语词或符号特别敏感，能在与别人的交谈中利用一切机会捕捉问题，发现问题。

4. 创造性主要体现在自我表现性上

创造性有五种主要形式：一是表现性创造，这是指自发性的自由活动，如绘画、讲述与游戏表演。二是技术性创造，以熟练精巧为特色，如幼儿的动作和操作活动。三是发明性创造，指发明新颖设计或新的组合，如小制作、小发明。四是首创性创造，是一种革新、标新立异，提出新的思维方式。五是杰出的创造，创造出艰深的原理或精深的思想。对于幼儿来说，创造性学习活动主要是表现性创造，特别是体现在创造性游戏中。表现性创造通常是幼儿借助于想象来表现其创造性，如幼儿在朗诵儿歌时还会自己想象出一些动作，而不一定完全按照教师示范的动作表演。又如日本“超级变变变”电视节目中一名小女孩通过所穿的小背心表现出“富士山”的形状，这就属于表现性创造。①

第二节 幼儿的想象与幼儿的活动

一、幼儿想象发展中易出现的问题及教育措施

如何在活动中处理好幼儿想象中的问题，促进幼儿想象的发展？

幼儿常常会把自己想象的事情当作真实的事情。如一个中班孩子回家对妈妈说，“幼儿园的围墙倒了……压了许多小朋友”，“送医院去了。”第二天，孩子的妈妈关切地向老师问起这件事，老师说，“墙没有倒啊!”那么到底是怎么回事呢？原来幼儿园内要搞基建，为不影响幼儿出入大门，就在院子旁边破了一截围墙，便于工程车出入，孩子看到这截缺口，产生想象，就说成是上面的“事实”。这种混淆想象和现实的情况，常被成人误认为孩子在说谎，事实上是幼儿的想象特点。

有时，由于孩子想象的特点加上孩子记忆的不精确，以及表达能力有限，也会出现类似“说谎”的情况。如准备去做的事情，他却说成了昨天我已经去……(做过了)。成人在理解了孩子的这些特点以后，应在实际生活中耐心指导幼儿，帮助幼儿分清什么是假想的，什么是真实的，从而促进幼儿想象的发展。

二、在活动中发展幼儿的想象

(一)丰富幼儿的表象，发展幼儿的语言表现力

表象是想象的材料，表象的数量和质量直接影响着想象的水平。表象越丰富、准确，想象就越新颖、越深刻、越合理。反之想象就会狭窄、肤浅甚

① 陈帼眉、姜勇：《幼儿教育心理学》，北京，北京师范大学出版社，2007，6 页。

至是荒诞的。因此教师在各种活动中，要有计划地采用一些直观教具，帮助幼儿积累丰富的表象，使他们多获得一些进行想象加工的“原材料”。

语言可以表现想象，语言水平直接影响想象的发展。幼儿在表达自己想象内容时能进一步激发起想象活动，使想象内容更加丰富。因此，教师在丰富幼儿表象的同时，要发展幼儿的语言表达力。如在语言教育活动中，让幼儿讲故事、复述故事、创编故事；在科学活动中，让幼儿用丰富、正确、清晰、生动形象的语言来描绘事物，都是发展幼儿语言的途径。

(二)在文学艺术等多种活动中，创造幼儿想象发展的条件

文学活动中的讲故事能发展幼儿的再造想象；语言教育活动中的创造性讲述，更能激发幼儿广泛的联想，使他们在已有的经验基础上构思、加工，创造出自己满意的内容。如续编故事，老师将故事的前半部分讲清楚，关键处就不讲了，让孩子结合经验和想象往下讲，效果很好。

幼儿园多种艺术教育活动也是培养幼儿想象发展的有利条件，如美术活动中的主题画，要求幼儿围绕主题开展想象，而意愿画能活跃幼儿的想象力，使他们无拘无束，构思、创造出各种新形象；音乐、舞蹈是美的，幼儿可以在表演过程中，运用自己的想象去理解艺术形象，然后再创造性地表达出来。这都是发展幼儿想象力的有效途径。

(三)在游戏中，鼓励和引导幼儿大胆想象

游戏是幼儿的主要活动。在游戏活动中，特别是角色游戏和造型游戏中，随着扮演的角色和游戏情节的发展变化，幼儿的想象异常活跃。如抱着娃娃时，幼儿不仅把自己想象成“妈妈”，还要想象“妈妈”怎样去爱护自己的“孩子”。于是她一会儿喂娃娃吃饭，一会儿哄娃娃睡觉，一会儿又抱娃娃上“医院”看病，送娃娃去“托儿所”等。幼儿的想象力正是在这种有趣的游戏活动中逐渐发展起来的。游戏的内容越丰富，想象就越活跃，因此老师要积极引导幼儿参与各种游戏。

幼儿进行游戏，总离不开玩具和游戏材料。玩具和游戏材料是引起幼儿想象的物质基础。因此，老师要为幼儿多提供玩具和游戏材料(不一定都是精致漂亮的玩具，只要安全、卫生即可)，鼓励幼儿大胆想象，同样能起到活跃幼儿想象，促进发展的作用，如智力玩具魔棍、魔方等，让幼儿独立思考，别出心裁，反复尝试，勇于探索。为幼儿选择玩具和游戏材料时，关键要看它能否满足幼儿的想象力发展，而不在于价格。

(四)在各种活动中，提高幼儿的想象力

提供丰富多样的活动，是提高幼儿想象力的重要措施。除通过讲故事、绘画、听音乐等活动培养幼儿想象力外，还可以采用其他一些形式，如在纸上画好一些线条和几何形体，让幼儿通过添画来完成整幅画面；让幼儿听几组声音的录音，让幼儿想象这几组声音发生了什么事情；给孩子几幅顺序颠倒的图画，让其重新排列，并叙说整个事情经过等。经常进行这样的训练，可使幼儿想象的内容广泛而又新颖。

内容小结

想象是人脑在一定刺激的影响下对已有表象进行加工改造而形成新形象的心理过程。

想象在幼儿的学习、游戏等实践活动中有重要意义，幼儿想象的发展是幼儿创造性思维发展的核心。

幼儿想象的主要特征是：无意想象为主，有意想象开始发展；再造想象为主，创造性想象开始发展。

幼儿的无意想象主要表现为：想象的目的性不明确；想象的主题容易受外界的干扰而变化；想象过程受兴趣和情绪的影响。在教育的影响下，幼儿的有意想象开始发展，想象出现一定的有意性、目的性和独立性。

幼儿的再造想象表现为，想象在很大程度上具有复制性和模仿性，想象内容的新颖性、独立性和创造性较少。中班以后，逐渐出现创造想象成分。

幼儿的想象有时与现实混淆，教师在活动中要认清幼儿想象的特点，要根据幼儿想象特点大力发展幼儿的想象。

幼儿创造性，主要表现为幼儿的好奇心、想象力和自主性，成人真正理解与尊重幼儿的想象与创造，为幼儿提供丰富的游戏活动和宽松自主的探究氛围。

思考与练习

1. 名词解释：

想象　无意想象　有意想象　再造想象　创造想象

2. 表象在幼儿想象中的作用是什么？

3. 结合见习活动说明如何培养幼儿的想象力？

4. 如何理解合理的想象是幼儿心理健康的保障？

5. 设计两则发展大班幼儿想象力的游戏。

6. 观察幼儿的活动，试分析幼儿的创造性表现。

第七章
幼儿的思维

本章主要内容

1. 什么是思维？
2. 幼儿的思维有哪些特点？
3. 儿童思维发展的一般趋势是怎样的？
4. 幼儿思维中最突出的特点是什么？
5. 幼儿思维的特点对我们有何启示？

第一节　幼儿思维发展的主要特征

一、思维与幼儿的心理发展

什么是思维？它对人们以及幼儿的心理发展有什么意义？

当生物学家在某个地区发现了一些海洋化石后，他们能够分析推测出这个地区几百万年以前曾经是海洋，或者离海洋很近。实际上，人无论做什么事情，从日常生活中作一个简单的判断到解决复杂的问题，都要用脑想一想，人能够从一种情况推想到另一种情况，而且对事物的特点做出判断。这些都是思维活动的表现，幼儿也是如此。当幼儿提出“是什么”“为什么”等问题时，就表明幼儿处于积极的思维活动中。幼儿已不满足于感知事物的表面现象，他们还想知道各种现象背后的原因，如想知道为什么天上能下雨，雨水是从哪里来的……还想知道事物和事物之间的关系，而要能知道现象的原因和事物间的关系就需要思维了，思维是人的重要心理过程。

(一)思维的概念和思维的基本特点

1. 思维的基本概念

思维是人脑对客观现实间接和概括的反映，是人认识的高级阶段。

(1)思维与感知觉。

思维与感知觉一样都是人脑对客观事物的反映。但是，感知觉是客观事物直接作用于感觉器官时所产生的反映。它反映的是事物的外部特征，它不能反映客观事物的本质属性和内在的规律性。感知觉是认识活动的低级阶段。思维则是对事物本质特征及内在规律间接、概括的反映。思维与感知觉有着联系，幼儿时期这种联系尤为密切。人的思维是在对事物感知的基础上产生的，它是认识的高级阶段。如果没有大量的感知材料，思维就无从产生。幼儿正处于思维发展的初级阶段，幼儿思维的发展更不可离开感知觉的发展。

(2)思维与语言。

思维与语言是密不可分的，语言中的词都是对事物一般属性和联系的概括。如“车”一词就是对各式各样的车的概括。词是思维活动必不可少的材料。此外，思维的表达与交流也是借助于言语活动来实现的。在幼儿的思维发展中，语言与思维的关系尤为密切，所以发展幼儿的语言对发展幼儿的思维具有非常重要的意义。

2. **思维的特点**

思维具有两个基本特点：间接性和概括性。

(1)思维是对事物间接的反映。

思维与感知不同，它不是直接对事物做出反映，而是间接地反映事物。例如，我们早晨起来看到屋外地上都是湿的，就知道昨天夜里下过雨。这时并没有看见下雨，我们只是通过潮湿的地面，间接地知道昨天夜里下雨了。由于人的思维具有间接性的特点，所以人可以推测未来，了解远古，透过表面现象知道事物的本质。世界上许许多多无法直接感知的事物，都是通过思维去认识的。

(2)思维是对事物概括的反映。

思维不像感知觉那样只反映事物的个别属性或个别具体的事物，而是反映一类事物共同的本质属性或事物之间的规律性联系。我们判断昨天夜里下了雨，是因为我们多次见到这样的现象，认识到下雨后的共同特征就是屋外都是湿的。这就是人通过思维对下雨这一现象的概括。任何科学概念、各种定义、定理以及规律、法则等都是通过概括得出的结论，如植物生长需要空气，这不仅仅是指树、草，而且是指所有的植物。这一结论的得出，是从各种植物的生长条件中分析概括而来的。

(二)思维在幼儿心理活动和心理发展中的作用

1. **思维是幼儿活动的基础**

幼儿在生活中同其他人交往，解决生活中遇到的各种问题，都离不开思维活动。只有思维水平不断提高，幼儿才能很好地认识他所处的环境，认识他周围的事物，对各种情况做出正确判断与推理，从而把握事物。

2. **幼儿的思维发展标志着幼儿认识水平的提高**

幼儿思维的发展使幼儿对事物的认识不是停留在认识事物的表面特征，而能进一步认识事物的本质。如幼儿看一幅画，看见了许多树，而且看见树上的叶子都是黄色的，地上也有许多黄叶。幼儿根据画面就知道画的是秋天。这是幼儿通过思维活动认识到这一现象的本质。再如，幼儿进行分类活动时，他要对各种东西进行比较，要把相同的东西放在一起，这实际上也是幼儿对某一类事物的概括过程。

3. **思维的产生和发展促进了幼儿情感、意志和社会性的发展**

思维对幼儿的影响并不仅仅局限于幼儿的认识方面，它还渗透到幼儿的情感、社会交往和个性等方面。思维水平的提高可以使幼儿的情感深刻化；

使幼儿通过对情况的判断做出决定，并能认识到自己行为的后果，从而增强责任感和自制力；对他人需要的理解使得幼儿学会同情、关怀、谦让、互助；对自己和他人的认识使幼儿知道自我，使自我意识得到发展。

总之，思维是高级的认识活动，是智力活动的核心。思维的发生和发展使幼儿的整个心理水平不断得以提高。

二、儿童思维发展的阶段性

儿童思维的发展水平在每个年龄阶段都是不一样的。2 岁的孩子思维水平与 3 岁孩子的思维水平不同；3 岁的孩子考虑问题又明显与 6～7 岁的孩子不同。

(一)直观行动思维

儿童最初的思维是以直观行动思维为主。直观行动思维是指以直观的、行动的方式进行的思维。直观行动思维的主要特征为：

1. 思维依赖于一定的情境

2～3 岁的孩子直观行动思维表现非常突出，3～4 岁幼儿身上也常有表现。这种思维更多依赖一定的具体情境，依赖于对具体事物的感知和对动作的概括。处于这种思维水平的孩子离开了实物就不能解决问题，离开了玩具就不会游戏。例如，当手里有一个娃娃时，她就会想起抱娃娃并玩娃娃家的游戏，当娃娃被拿走以后，她的游戏也就结束了。

2. 直观行动思维离不开儿童自身的行动

这个思维阶段的孩子，其思维只能在动作中进行，常表现为先做后想，边做边想，动作一旦停止，他们的思维活动也就结束。如正在画一条线，他说是虫子，可是所画的线一弯曲，他就又说画的是香肠。这个阶段的思维特点就是行动没有事先计划和预定的目的，也不会预见行动的后果。

(二)具体形象思维

3～6 岁儿童以具体形象思维为主，是指儿童依靠事物在头脑中的具体形象进行思维，即依靠具体事物的表象以及对具体形象的联想而进行的思维。例如，这个阶段的幼儿在开展游戏活动、扮演各种角色、遵守规则时，主要是依靠头脑中的有关角色、规则和行为方式的表象。思维的具体形象性是在直观行动性的基础上形成和发展起来的，具体形象思维是幼儿思维的典型方式。

(三)抽象逻辑思维

7 岁以后，儿童开始进入逻辑思维阶段。抽象逻辑思维反映事物的本质特征，是指运用概念根据事物的逻辑关系来进行的思维。它是靠语言进行的思维，是人类所特有的思维。幼儿阶段只有抽象选择思维的萌芽。

儿童思维发展的趋势是由直观行动思维发展到具体形象思维，最后发展到抽象逻辑思维。

三、幼儿思维发展的特点

(一)幼儿的思维以具体形象性为主，抽象逻辑性开始萌芽

1. 幼儿初期的思维仍具有一定的直观行动性

幼儿初期，即3岁左右，思维仍保留很大的直观行动性。他们的思维活动离不开对事物的直接感知，并依赖于自身的行动。

这时期幼儿的思维依赖于一定的情境。他们开展的游戏很大程度上依赖于玩具和活动环境。玩具作为幼儿游戏的物质前提，在这一时期体现得最为突出。在娃娃家中，如果老师只给幼儿提供娃娃，那么他们就会反复地抱着娃娃玩；如果老师又给他们提供了娃娃的衣服、小碗、小勺和小杯等物品，他们不仅会给娃娃穿衣服，还会给娃娃喂饭、喂水。

幼儿初期的思维离不开自身的行动，这时期幼儿的思维活动常常与他们的动作相伴随。在幼儿园小班初期的绘画和游戏活动中，思维的直观行动性表现得非常明显。

2. 具体形象思维是幼儿思维的主要特征

具体形象思维是运用已有的直观形象(表象)解决问题的思维。进入幼儿中期，在一定的生活环境和教育条件下，幼儿的思维在前一阶段的基础上有了进一步的发展，由以直观行动思维为主逐渐发展到以具体形象思维为主。

幼儿的具体形象思维主要表现出以下几个方面的特点：

(1)具体性。

幼儿思维的内容是具体的。幼儿在思考问题时，总是借助于具体事物或具体事物的表象。幼儿容易掌握那些代表实际东西的概念，不容易掌握比较抽象的概念，如“交通工具”这个概念比较抽象，而“小汽车”这个概念较为具体，所以幼儿掌握“小汽车”这个概念比“交通工具”要容易。幼儿对具体的语言容易理解，对抽象的语言则不易理解，如老师说：“喝完水的小朋友把杯子放到柜子里去!”刚入园的幼儿都没有反应。但老师如果说：“明明，把杯子放到柜子里去吧!”这时明明就理解老师说话的意思。对刚入园的幼儿来讲，“小朋友”这个词是不具体的，每个幼儿的名字才是具体的。

典型的幼儿思维过程是，具体事物可以在眼前，也可以不在眼前，但头脑中必须有事物的表象。例如，听故事的时候，幼儿头脑中必须有故事人物

的形象，才能理解故事。再如，让幼儿算一下2加3等于几，幼儿感到困难，但如果说2个苹果再加上3个苹果是几个苹果，幼儿就会比较容易回答这个问题。我们从幼儿经常提出的问题中，也可以看到他们常常是依靠事物的具体形象来思考，如幼儿问风是谁吹的？月亮是谁把它挂到天上去的？

(2)形象性。

幼儿思维的形象性表现在幼儿依靠事物的形象来思维。幼儿的头脑中充满着各种各样颜色和形状等事物的生动形象。比如爷爷总是长着白胡子，奶奶总是头发花白的；穿军装的才是解放军；兔子总是"小白兔"等。具体性和形象性是具体形象思维两个最为突出的特点。

(3)经验性。

幼儿的思维常根据自己的生活经验来进行，比如幼儿把热水倒入鱼缸中，问他为什么时，他说老师说了，喝开水不生病，小鱼也应该喝开水。再如，老师向幼儿布置"解迷津"任务："假装这里有一座山，你必须走过这座山才能回家。现在老师和小朋友们都走过去了，就剩下你一个了，再不走过去，天就要黑了，野兽会来的。"幼儿回答说："我不会去那种地方的。再说妈妈总是和我在一起。"幼儿是从他自己的具体生活经验去思维的，而不是按老师的逻辑推理进行思维。

(4)拟人性。

幼儿往往把动物或一些物体当人来对待。他们赋予小动物或玩具以自己的行动经验和思想感情，和它们说话，把它们当作好朋友。他们认为太阳公公能看见小朋友们在玩，他们还提出许多拟人化的问题，如"风是车轮放出来的吗"？

(5)表面性。

幼儿思维只是根据具体接触到的表面现象来进行，往往只是反映事物的表面联系，而不是事物的本质联系。比如，一个5岁的孩子注视着阿姨给小婴儿喂奶，看到奶水从阿姨的乳房里流出来，他认真地问："阿姨，那里面也有咖啡吗？"由于幼儿的思维只是从事物的表面出发，不能反映事物的本质，因此幼儿思维常常具有片面性。如给幼儿出示两个一样大小的橡皮泥球，让幼儿确认它们是一样大小的。然后，老师把其中的一个泥球变成长条。这时，幼儿就认为这两块橡皮泥不一样多了。

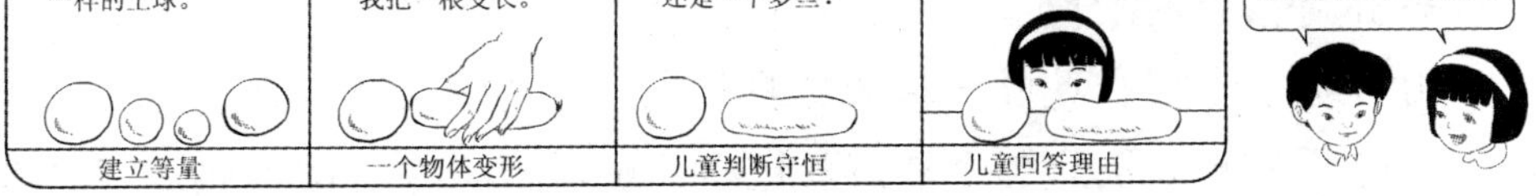

(6)固定性。

幼儿思维的具体性使幼儿的思维缺乏灵活性。在日常生活中，幼儿常常“认死理”，比如在美工活动中，小朋友都在等着教师发剪刀，可是中途剪刀发完了，教师又去拿。另一位老师给他们拿手工区的剪刀，他们说什么都不肯要。这时他们的老师回来说：“没有剪刀了，你们就用手工区的吧”，可是这几个小朋友仍然不愿意用手工区的剪刀。

上述这些特点都是幼儿思维具体性和形象性的不同表现。具体形象思维是幼儿期思维发展最主要的特征，这种特征在幼儿各种思维活动中都有表现。但是在不同的年龄，表现程度是有所不同的。

3. 幼儿晚期抽象逻辑思维开始萌芽

幼儿初期，由于思维水平和生活经验的局限，只能认识事物的外部特征。但到了幼儿晚期，不少幼儿开始能够对事物的一些本质特征进行初步认识。有一个小实验，要求幼儿用杠杆想办法取到糖果，实验设置了三种条件，即三种解决问题的方式：第一种方式是可以直接摆弄杠杆，用直觉行动的方式来解决问题；第二种方式是看着图画中的有关物体，依靠具体形象方式来解决问题；第三种方式是要求幼儿只凭借语言抽象地找出解决问题的方法，实验结果如表 7-1。

表 7-1　各年龄幼儿三种思维方式解决问题的比较(%)

年龄(岁)	直观行动思维	具体形象思维	抽象逻辑思维
3～4	55.0	17.5	0
4～5	85.0	53.8	0
5～6	87.5	56.4	15.0
6～7	96.3	72.0	22.0

从表 7-1 中我们可以明显看出，不同年龄阶段的儿童思维水平有着显著差异。幼儿晚期抽象逻辑思维初步发展起来，但也只有 15%～22%的幼儿能用较为抽象的方式来思考问题。

(二)幼儿的概念、判断与推理的发展

概念、判断与推理是思维的基本形式，幼儿思维基本形式的发展特点也体现出幼儿思维的具体形象性。

1. 幼儿对概念的掌握

幼儿掌握的概念主要是日常的、具体的，熟悉的物体和动作，如鞋子、帽子、电视、汽车，走、跑、拿、举起等。在环境与教育的影响下，幼儿晚

期还可以掌握一些较为抽象的概念，如团结、勇敢、礼貌等。幼儿掌握的概念还不太稳定，容易受周围环境的影响。

一些人通过下定义方式来研究幼儿掌握实物概念的特点，他们发现：幼儿初期所掌握的实物概念主要是他们熟悉的事物。给物体下定义多属直指型，如问幼儿“什么是狗”，他就会指着画上的或玩具说“这是狗”。幼儿中期已能掌握事物某些比较突出的特征，由此获得事物的概念。他们给物体下定义多属列举型。这时幼儿对上面的问题就会回答：“狗有四条腿，还长着毛呢！看见小花猫就汪汪叫。”幼儿晚期开始初步掌握某一实物较为本质的特征，如功用的特征或若干特征的总和。他们给物体下定义多为功用型，但仍有对事物的描述。他们对上面的问题会回答：“狗是看门的”，“狗还可以帮人打猎”，“狗也是动物”，“狼狗最厉害”等。

此外，幼儿掌握空间概念和数概念都晚于实物概念，而且掌握起来比较困难。

2. 幼儿对事物判断、推理的特点

幼儿思维的具体形象性常表现在判断事物时从事物外在或表面的特点出发。如：

(1)幼儿对事物的判断、推理往往不合逻辑。

(2)把直接观察到的事物之间的表面现象或事物之间偶然的外部联系，作为判断事物的依据。如让幼儿比较三支铅笔，问幼儿：“为什么第一支和第三支比第二支长?”不少幼儿会回答说：“因为它是黄的，我妈那天还给我削铅笔呢!”

(3)以自身的生活经验作为判断、推理的依据。幼儿在对事物进行判断、推理时，常以自己的感受或经历过的事情为依据，例如，问一个中班幼儿：“为什么皮球会滚下来呢?”幼儿根据自己的经验回答说：“因为它不愿意待在椅子上。”5 岁的幼儿在回答“大红旗多还是小红旗多”的问题时，会说“小红旗多，因为小红旗可以剪好多，大红旗费纸，就剪得少”。

(三)幼儿理解事物的特点

幼儿理解事物的水平不高，不深刻，常受外部条件的限制。

幼儿对事物的理解常是孤立的，不能发现事物之间的内在关系。年龄越小的幼儿，这个特点表现越明显。如让幼儿看一幅图，幼儿初期的孩子常常看到的只是个别的人或物。

幼儿对事物的理解主要依靠事物的具体形象。如在听故事时，常需要图形或实物来辅助，或者依靠生动的语言引起头脑中的事物形象来帮助理解。

幼儿对事物的理解往往是表面的，不能理解事物的内部含义。如一个小朋友想上厕所，其他幼儿也要去，教师生气地说："去，去，去，都去！"这时幼儿根本不理解教师的意思，反而高高兴兴地一拥而去了。因此，我们在实际工作中一定要注意幼儿的理解特点，幼儿不能理解反话中的内部含义，要坚持正面教育，要多结合具体形象的事物来帮助幼儿去理解和做出判断。

第二节　幼儿的思维与幼儿的活动

幼儿的思维是在活动中发展起来的。
想一想，如何为幼儿创设活动的环境？

人的思维与人的实践活动分不开，幼儿的思维发展更是如此。幼儿的思维是在同周围现实相互作用的活动中不断发展起来的。因此我们应该高度重视幼儿的各种活动，一方面，要针对幼儿思维的特点去组织幼儿的活动，另一方面，要有意识地在活动中发展幼儿的思维。

一、幼儿概括能力的发展特征与幼儿的活动

幼儿思维概括能力的发展主要处于形象概括的水平。

幼儿主要是对事物的个别或外部特征进行概括，对事物表面具体形象的特征进行概括。例如，幼儿对人、马和虎的概括是根据外部特征进行的，他们的理由是人、马、虎都有身子、头、脚等。从 6 岁起，特别是 7 岁以后，儿童的概括逐渐不以事物的外在形象特征为依据，而是根据人、马、虎都是有生命的、活的、能生长等本质属性来进行概括。这说明幼儿的概括水平主要处于表面的、具体形象的感知阶段，并开始逐步向对事物的本质属性进行抽象概括方面发展。

幼儿的概括有以下三个方面的特点。

1. 概括的内容比较贫乏

幼儿掌握的一些词，基本上是代表事物的某个或某些具体特征，而不是这一类事物的共同特征。如幼儿概括的"儿子"就是指像自己一样大的小孩子，不包括长着胡子的叔叔等。

2. 概括的特征很多是外部的、非本质的

如上述幼儿对人、马和虎的概括，是根据它们的外部特征进行的。

3. 概括不准确

幼儿概括不准确主要表现在：(1)概括的内涵不精确，只反映事物的表

面特征；(2)概括的外延不适当，往往过宽(如“家具”是“用的东西”)或过窄(如“儿子”只是小孩)。

幼儿概括水平比较低，直接影响到幼儿对各种概念的掌握。我们应该正确对待幼儿的这一特点，这是幼儿的心理年龄特点，也是幼儿心理发展的正常表现。幼儿不易掌握事物的本质特征，在实际教育活动中应该理解幼儿的概括能力的发展特点，尽可能为幼儿提供易于理解的概念，在实际活动中发展幼儿的概括能力。

二、问题情境与幼儿思维的发展

思维总是由于伴随问题而产生。幼儿阶段常常对许多事物表示好奇，提出各式各样的问题。幼儿能否对事物进行思考，是否有思考的积极性，依赖于一定的问题情境。问题情境是指那些在幼儿的生活和活动中能激发幼儿提出问题的情境。

教师组织的活动能否成为幼儿的问题情境，这与问题的选择有很大关系。如果问题很容易，幼儿不加思索就能解答。那么，这个问题就不能引起幼儿的思考活动。因而，也就不能成为问题情境。如问 6 岁的幼儿：2 多还是 1 多？这个问题对 6 岁的孩子来讲就不能成为问题情境。但如果问题太难，超出幼儿的理解范围，幼儿不明白问的是什么。这对幼儿来说，也不能够引起他们的思考，因而也不是幼儿思维的问题情境。如“什么是质数”，这样的问题就不会使幼儿产生思维活动。

因此，为了发展幼儿的思维，教师所组织的活动一定要符合幼儿的思维水平，符合幼儿思维的特点。只有这样，才能调动幼儿思维活动的积极性，促进幼儿思维的不断发展。

三、幼儿的提问与幼儿的思维

从 3、4 岁开始，幼儿经常会问“是什么?”或“为什么?”的问题，好奇、爱问是幼儿思维活动的具体表现。

当幼儿遇见他不理解的事物时，他就会提出问题。著名科学家爱因斯坦曾说过：“提出一个问题比解决一个问题更重要。”巴尔扎克也说：“打开一切科学大门的钥匙，毫无疑问的是问号。”当幼儿提出“为什么”或“是什么”之类的问题时，它不仅仅说明幼儿想知道什么，更重要的是说明幼儿在积极地思维。

由于提问是幼儿思维活动的积极表现，我们应该以积极的态度鼓励幼儿提问，对幼儿的提问“闻问则喜”，为幼儿的思维活动创造宽松的气氛，培养幼儿思维的热情。

四、幼儿的具体形象思维与幼儿的活动

(一)幼儿初期思维的直观行动性与幼儿的活动

想一想，幼儿初期思维特点是怎样的？在实际中应该如何对待？

幼儿初期的思维特点仍带有一定的直观行动性。在组织幼儿开展各种活动中要充分认识和理解这一特点，才能有效地开展活动和促进幼儿思维的发展。

首先，要为幼儿提供大量可以直接感知的玩具与活动材料。没有充分的玩、教具和活动材料，幼儿的活动将不会有效地开展。小班幼儿的游戏和活动水平很大程度上取决于游戏材料与玩具提供的水平。因此，为了很好地促进幼儿思维的发展，使幼儿的认识能力得到进一步提高，应该有计划、有目的、合理地提供活动的各种物质材料。

其次，为幼儿提供活动与操作的条件与机会。幼儿初期的思维离不开动作与活动，因此，组织幼儿开展的各种活动应该是幼儿能亲自动手的，而且，应该认识到幼儿的这种思维特点，允许幼儿边操作边思考。

再次，在活动的过程中为幼儿提供较多形象可爱的玩教具，可以有效地促进幼儿向具体形象思维水平过度，并提高幼儿的形象思维能力。

最后，激发幼儿的好奇心，组织丰富的活动使幼儿在活动中积极思考问题。

(二)具体形象思维与幼儿的活动

具体形象性是幼儿思维的主要特征，在组织幼儿活动时一定要以此为基本出发点，这是幼儿园开展各种活动的前提。

1. 要通过各种活动丰富幼儿的表象

各种事物在头脑中的形象是幼儿思维的基础。因此，要重视幼儿在各种活动中所积累起来的感性经验，使幼儿能在头脑中形成清晰的印象。

2. 幼儿园开展的活动要坚持直观性原则

幼儿的思维特点决定了教师在为幼儿提供活动时要尽可能具体、形象、直观化，要重视玩教具的鲜明、形象、生动性。

五、在活动中发展幼儿的思维

(一)通过观察，对具体事物进行分析综合

分析综合是思维的基本操作过程。分析是在头脑中把事物的整体分解为各个不同的部分或不同的特征，分别加以思考的过程。综合是在头脑中把各个不同的部分或不同的特征结合起来，组成整体来思考的过程。在不同的思维发展阶段，分析和综合的水平也不相同。

幼儿处于具体形象思维发展阶段，对事物的分析离不开事物的具体形象和具体特点。随着语言在幼儿分析综合中作用的增加，幼儿逐渐学会凭借语言在头脑中分析综合。

在丰富的活动中培养幼儿的分析综合能力，是促进幼儿思维发展的有效途径。通过观察具体事物，让幼儿充分感知事物的各个方面，对事物的具体特征进行分析综合。例如，幼儿通过对蚯蚓的观察，感知到蚯蚓身体是一环一环的，所以它们的活动方式是爬或是蠕动。再如，幼儿通过观察某一张纸在水里下沉得快的现象，分析得出“这张纸吸水快”。幼儿的分析综合能力是在实际活动中对具体事物进行充分感知而获得发展的。

(二)通过操作，对具体事物进行比较、分类

比较是在思想上把各种事物进行对比，并确定它们的异同。比较是在分析与综合的基础上进行的，比较是进行分类的前提。

幼儿对物体比较能力发展的特点表现为：(1)幼儿初期还不善于找出物体之间相应的部分，如比较两幅图中的两个孩子。幼儿初期的儿童还不会找相应的部分，如对两个孩子的帽子进行比较，对两个孩子手里拿着的东西进行比较等。他们会说：“这个小朋友戴着帽子，那个小朋友的手上拿着枪。”幼儿中期、晚期能够逐渐找出物体的相应部分。(2)幼儿先学会找物体的不同处，后学会找物体的相同处，最后学会找物体的相似处。

幼儿通过对物体的操作，能够对具体事物的特征直接感知，进行直接对比，找出物体之间的不同之处或相同之处。通过对物体相同之处的概括与判断，幼儿能够逐渐对事物进行分类。幼儿中晚期，分类能力逐步开始发展起来。如对一堆插片，幼儿通过摆弄，可以把具有相同形状的插片归类，把这堆插片按形状分为不同几类。在整理物品中也能够获得比较具体物体的经验。如幼儿可以学会比较游戏材料的相同与不同，把游戏材料归类；把相同颜色的橡皮泥归放在一起，把相同形状的纸张放在一起等。

通过操作和对具体事物的比较，可以促进幼儿分类能力的发展。

内容小结

本章主要论述的是幼儿思维的发展特点，幼儿的思维以具体形象思维为主。

儿童思维发展的趋势是由直观行动思维发展到具体形象思维，最后发展到抽象逻辑思维。

思维是指人脑对客观现实间接的、概括的反映，它是认识的高级阶段。间接性和概括性是思维的两个特点。

幼儿思维的基本形式也体现出幼儿思维的具体形象性。

幼儿掌握的概念主要是日常概念、具体概念。

具体性和形象性是幼儿具体形象思维的两个突出特点。

幼儿在判断事物时常从事物外在或表面的特点出发。

幼儿对事物的理解常是孤立的，不能发现事物之间的内在关系，理解往往是表面的，不能理解事物的内部含义。

应该针对幼儿思维的特点去组织幼儿的活动。幼儿的思维是在同周围环境相互作用的活动中不断发展起来的。幼儿园要为幼儿提供各种活动的机会，教师要善于为幼儿创设“问题情境”，促进幼儿思维水平的不断发展。

思考与练习

1. 什么是思维？举例说明。

2. 儿童思维发展的趋势是怎样的？

3. 试用你所学的关于幼儿思维发展特点的知识分析下面的事例：一个孩子在画画，本来说画一只小鸟，可是画着画着，他画成了苹果，最后又变成汽车了。

4. 幼儿思维发展的特点是怎样的？到幼儿园去观察幼儿的游戏或其他活动，结合你的观察分析幼儿思维发展的特点。

5. 幼儿园为什么要坚持正面教育，成人为什么不要对幼儿说反话？试用所学有关幼儿思维发展特点的知识分析一下。

6. 对幼儿为什么必须注意运用直观性的原则？

7. 说一说你对“问题情境”的认识，它与幼儿园工作有何关系？

8. 请从思维的角度分析幼儿为什么爱提问题？

9. 请你试着从下面的图形中选出一个图，将其填在问号处，使图形的排列符合规律。想一想你是如何进行思维活动的。

?
(1)
(2)
(3)
(4)
(5)
(6)

第八章
幼儿的言语

本章主要内容

1. 什么是言语？
2. 幼儿言语的主要特征。
3. 言语和幼儿活动的发展有什么关系？

第一节　幼儿言语发展的主要特征

一、语言、言语的概念

想一想，语言和言语是一回事吗？

(一)语言

语言是人类在社会实践中逐渐形成和发展起来的交际工具，是一种社会上约定俗成的符号系统。语言是一种社会现象。

人们在改造客观外界的活动中，产生了交际的需要，而要满足交际的需要，伴随着交际就产生了语言。人类有了语言后，就可能在较短时间内认识和掌握科学知识，可以接受老一代的经验。语言是其全民族统一的。如汉语，是以一定的语音和字形被人们所感知(视、听)的；汉语的词汇就像丰富的建筑材料，代表不同的事物或现象；而语法则反映出我们祖先的思维逻辑性，主、谓、宾的搭配是固定的。汉语已成为我们整个中华民族的通用语了。

用语言作为工具进行交际的时候，就是言语活动。

(二)言语

言语是运用语言进行实际活动的过程。言语是一种心理现象。

人，为了交际，或使用汉语，或使用英语，或使用俄语等，这里的汉、英、俄语，就是作为交际工具的各种语言。使用着一定语言的人，说、听、读、写等活动就是作为交际过程的言语，它是一种心理现象。如讲课时老师用的是汉语，而讲述的过程则是言语，它是一个动态的过程。

由于言语活动的表现形式各有不同，可分为三类。

1. **口头言语**

口头言语是通过人的发音器官发出的语言声音来表达思想和感情的言语，如两人或两人以上的聊天、讲课、讲座、报告、演讲、辩论等。幼儿主要是口头言语。

2. **书面言语**

书面言语是人借助于文字表达思想感情，传授知识经验，也就是写出的文字、看到的文字，它的形式主要有三种：写作、朗读、默读。

书面言语可以突破时间和空间的限制。如想要知道先辈们的经验，就要通过书面言语；要想知道远在外地亲人的情况，除了通过电话还可以写信等，书面言语可以反复阅读、回味、推敲，书面言语需要专门的教学才能掌握。

3. **内部言语**

内部言语是一个人自己对自己发出的声音，是自己默默无声地思考问题的言语活动，如默默地思考问题，写文章前打腹稿等。

(三)语言、言语的关系

言语和语言，是两个不同而又密切联系的概念。一方面，言语活动是依靠语言来进行的。个人言语活动的效能，受制于他对语言掌握的程度，如单词少，水平低，使用英语的能力就差。因此离开了语言，就不会有言语活动。另一方面，语言又是在人的具体言语交际中形成和发展起来的，任何一种语言都必须通过人们的言语活动才能发挥交际工具的作用。也就是说，如果某种语言不再被人们用来进行交际，它最终将从社会中消失。可见语言和言语是不能截然分开的。

二、言语在幼儿心理发展中的作用

言语在幼儿心理发展中有什么作用?

(一)幼儿掌握语言的过程，也就是幼儿社会化的过程

幼儿的语言也是为交际而产生，在交际过程中发展的。幼儿掌握语言的过程，即社会化的过程。因为幼儿说话和学习语言，主要是为了能和别人交流，其中包含为了表达自己的愿望，表示不满，请求或命令别人做事，保持自己和别人之间的关系，获得知识，发表见解等需要。

语言在幼儿时期的功能，除了请求和问答外，还有陈述，商量(协调行动)，指示和命令，对事物的评价等。与此相适应的是连贯性语言、陈述性语言逐渐发展。4 岁以后，幼儿之间的交谈大为增加。他们会在合作活动中谈论共同的意愿、活动方式，并在“讨论”中学会商量共事。5 岁以后，在幼儿的争吵中，已经开始出现用语言辩论的形式，而不再是单纯靠行动来表示了。

(二)言语与幼儿的认识过程

语言是思维的武器，个体言语水平影响思维过程。由于语言的参与，使幼儿认识过程发生了质的变化。尤其是语言在感知中的概括作用充分说明了这一点。具体表现为：

(1)借助词可以把感知的事物及其属性表示出来，通过语词使感知到的东西成为理解的内容。

(2)借助词将相似的物体及其特征加以比较，易于找出并辨别各种物体的差别。

(3)借助词可分出事物的主要和次要特点。

(4)借助词能概括地感知同类事物的共同属性，易于认识事物的共同特征，而且可以根据事物的主要特征，认识同类的未知事物。例如，幼儿吃过梅子知道梅子是酸的，后听说“山楂很酸”，幼儿可以不用直接尝山楂便可知其味酸。也就是说，词帮助我们迅速认识和概括出新事物的特征。

(三)言语对幼儿心理活动和行为的调节作用

言语对幼儿心理活动和行为的调节功能，即自我调节功能，是和其概括功能——自觉的分析综合功能密切联系的。幼儿只有对自己的认识过程的种种因素进行分析综合，才能对认识过程进行调节。

各种心理活动的有意性发展，是由语言的自我调节功能引起的。如幼儿初期无意注意占优势，这种注意是由外界事物本身的特点引起或由成人的语言来组织的。到幼儿晚期，幼儿会用自己的语言来组织自己的注意，即较自觉地产生了有意注意。同样，幼儿的识记由最初的无意识记向有意识记发展也是这个道理。此外，幼儿的情绪和意志行为，是由执行成人的指示，受成人组织，过渡到渐渐能用自己的语言来提出对自己的要求，能够调节情绪和控制行为的能力。

三、幼儿言语发展的主要特征

儿童出生以后，在环境和成人的教育下，言语在不断发展。幼儿期是语言发展，特别是口语发展的重要时期。幼儿语言的发展贯穿于各个领域，也对其他领域的学习与发展有着重要的影响：幼儿在运用语言进行交流的同时，也在发展着人际交往能力、理解他人和判断交往情境的能力、组织自己思想的能力。通过语言获取信息，幼儿的学习逐步超越个体的直接感知。

(一)幼儿口语的发展

幼儿口语的发展主要表现为掌握语音、词汇、语法以及语言表达力的发展。

1. 掌握全部本族语音

随着生理上的成熟，幼儿的发音能力也迅速发展，特别是3～4岁发展尤为迅速。此时，他们已初步掌握本民族、本地区的全部语音，但在实际使用语音时，有些音往往发不正确，有调查资料表明幼儿语音发展表现出如下特点：

(1)3～6岁城乡儿童韵母、声母发音正确率均随年龄的增长而逐渐提高。

(2)3岁儿童发音的正确率明显低于4岁儿童。3岁儿童发n、l、g、k；zh、ch、sh等音时感觉困难。

(3)语音的发展受言语器官和神经系统成熟程度的影响，更受环境和教育条件的影响，如城市幼儿发音好于农村幼儿，南京地区儿童n、l音不分，4岁后发音渐趋方言化。

因此教师必须重视幼儿的发音练习，尤其是4岁左右的幼儿，更应实施正确的语音教育。

2. 词汇量增加，内容变化大

言语是由词以一定方式组成的，因此词汇的发展可作为言语发展的重要标志之一。其发展可从词汇的数量和词义、词类的变化等方面来分析。

(1)词汇量的增加。

幼儿期是人一生中词汇量增加最快的时期。据资料统计表明，3岁幼儿词汇约为800～1100个，4岁为1600～2000个，5岁则增至2200～3000个，6岁时词汇数量可达3000～4000个。

(2)词类范围日益扩大。

幼儿词汇的发展，还表现在他们所掌握的词类范围日益扩大。在幼儿词汇中，主要是意义比较具体的实词。其中又以名词为最多，其次是动词，再次是形容词，最后才是副词。幼儿也逐渐掌握了一些比较抽象、不能单独用来回答问题的虚词，如介词、连词等。

幼儿词汇的内容在不断丰富和扩大。他们不仅掌握了许多和自身生活经验有关的具体的词，也掌握了不少较抽象的词，如家具、玩具等，可见，幼儿所掌握的词汇，内容丰富，涉及范围较广。

(3)词义逐渐丰富和加深。

幼儿期，随着生活经验的丰富与思维的发展，词的概括性联系系统也逐渐发展。对词义的理解趋向丰富和深刻化。如“兔子”一词，对较小的幼儿来说，意味着只是兔子的外形特征，而对较大的幼儿来说，则还包括兔子的生活习性，兔子和人类的关系等。

此外，幼儿使用词语的积极性在增加，既理解又会运用的积极性词汇在增多，只理解不会正确使用的消极性词汇也在增多，于是出现乱用或乱造词的现象。如把“一个人”说成“一只人”，把“一条裤子”说成“一件裤子”等。

总的来说，幼儿对词义的掌握是不够丰富和深刻的。对于多义词，幼儿通常不能掌握它的全部意义，只能掌握最基本和最常用的意义。对词的转义几乎不能掌握。

3. **初步掌握语法**

词汇是语言的建筑材料，语法是使用规则。人要用语言进行交际，还必须把词联结成句子，即按语法造句。幼儿在不断地交往中，自然掌握了一些基本语法结构和句型。研究资料表明，我国幼儿说出的句子类型，有以下发展趋势：

(1)从不完整句到完整句。

最初，幼儿的句子结构是不完整的，多是单词句和电报式句子，如“爸爸班”“街街叭叭呜”。2 岁以后，逐渐出现比较完整的句子。到 6 岁左右，幼儿基本能使用完整句。完整句又可分为简单句和复合句，陈述句与其他多种句型(疑问句、祈使句等)。

(2)从简单句到复合句。

2 岁孩子说出的句子中，简单句占 96.5%，到幼儿中期，简单句仍占多数，但是随着年龄的增加，简单句所占比例在逐渐减少，复合句逐渐发展。4 岁以后，还出现了各种从属复合句，能运用适当的连接词构成复合句以反映各种关系。如会用“如果……就”“只有……才”“因为……所以”等来造句。

(3)从陈述句到多种形式的句子。

在整个幼儿期，简单的陈述句仍然是最基本的句型，占的比例较大。其他形式的句子，例如疑问句、祈使句、感叹句等也发展起来了。其中，疑问句产生得较早。

在幼儿的言语实践中，还可看到他们由于受简单陈述句的影响，往往对一些复杂的句子形式不能理解而发生误解。如对双重否定句很难正确理解，于是把“哪个盒里没有一个娃娃不是站着的”，误解为“没有娃娃站着”或根本不理解。

4. **口语表达能力进一步发展**

幼儿在掌握语言成分的基础上，口语表达力也逐渐发展起来。

(1)对话言语的发展和独白言语的出现。

从交际的方式而言，口语可分为对话式和独白式两种。对话是在两个人之间互相交谈；独白则是一个人独自向听者讲述。

幼儿前期的孩子，大多是在成人的陪伴下进行活动的，他们的交际多采用对话形式。进入幼儿期，对话言语进一步发展。他们不但能回答问题，或提出问题和要求，还会在协调行动中进行商议性对话。如进行角色游戏时，会互相商量安排游戏情节等。

由于幼儿独立性的发展，活动范围的扩大，在他们和同伴或成人的交往中，需要独立向别人传达自己的思想感情、知识经验等，这就促进了独白言语的产生和发展。

幼儿初期，只能主动讲述自己生活中的事情，且表达时常不流畅，叙述时有较多的废词，如“这个这个”“后来么后来么”等来帮助缓解表达的困难。到幼儿末期，不但能系统叙述，而且能大胆自然地、生动有感情地描述事情。

(2)情境性言语的发展和连贯性言语的产生。

情境性言语是指幼儿在独自叙述时不连贯、不完整并伴有各种手势、表情，听者需结合当时的情境，审查手势表情，边听边猜才能懂得意义的言语。这种言语是幼儿言语从不连贯向连贯言语发展的一种言语形式。连贯性言语则指句子完整、前后连贯，能反映完整而详细的思想内容，使听者从语言本身就能理解讲述的意思。

3～4 岁的幼儿，甚至 5 岁的幼儿言语仍带有情境性。他们说话断断续续的，并辅以各种手势和面部表情，对自己所讲的事，丝毫不作解释，似乎认为对方已完全了解他所讲的一切。随着年龄的增长，幼儿连贯性言语逐渐得到发展。到 6～7 岁，幼儿开始能把整个思想内容前后一贯地表述出来；能用完整的句子说明上下文的逻辑关系。连贯性言语的发展使幼儿能独立、完整地表述自己的思想。在此基础上，幼儿才能独白。连贯性言语和独白言语的发展，不但促进幼儿言语表达能力的提高，而且促进幼儿逻辑思维的形成和独立性的加强。

5. **出现内部言语的过渡形式——出声的自言自语**

言语可按活动的目的和是否出声，分为外部言语和内部言语两类。内部言语是言语的高级形式，它不是用来和人交际的言语。它的发音隐蔽，而且比外部言语更概括和压缩。

幼儿前期没有内部言语，到了幼儿中期，内部言语才产生。幼儿时期的内部言语在发展过程中，常出现一种介乎外部言语和内部言语的过渡形式，即出声的自言自语。这种自言自语有两种形式，一种是“游戏言语”，另一种是问题言语。

(1)游戏言语是一种在游戏、绘画活动中出现的言语。特点是一边做动作一边说话，用言语补充和丰富自己的行动。这种言语通常比较完整、详细，有丰富的情感和表现力。如幼儿一边搭积木——长江大桥，一边发出声音“这里面可以走人，桥洞里可以过船……”

(2)问题言语是在活动中遇到困难或问题时产生的言语，用以表示困惑、怀疑、惊奇等。这种言语一般比较简单、零碎，由一些压缩的词句组成。

幼儿中期以后，内部言语逐渐在自言自语的基础上形成。原来由自言自语所负担的自我调节功能，也随年龄的增长逐渐由内部言语来实现。

(二)书面言语掌握的可能性

书面言语产生的基础是口头言语。严格地说，幼儿期已为书面言语的学习作了准备，表现在以下方面：

1. 掌握口语词汇

我们知道，书面言语的掌握必须懂得字词的实际意义。如果不懂字词的含义，只会将字形和字音联系起来，这只是简单的形—声间的联系。而掌握了口语词汇后，只要把语词和它的字形相结合，就懂得了字词的实际意义。幼儿可掌握3000个左右词汇。

2. 掌握语音

汉语拼音是儿童识字和阅读的重要辅助手段，而学习汉语拼音的重要前提条件是正确发出语音。4岁幼儿已具备这一基础。

3. 掌握基本语法和口语表达力

口头言语和书面言语的表达方式虽有不同，但是二者都需要遵循基本的语法规则。幼儿期已掌握了基本的语法和初步的口语表达能力，为入小学后阅读和写话打下了良好的基础。

4. 幼儿图形知觉的发展

字母、数字、字词，特别是方块汉字，只不过是一种特殊的图形知觉。当儿童能辨别图形时，就能分辨字形。人们发现4岁左右的幼儿是图形知觉发展的敏感期，因此，可以认识一些字。

我国多年来的教改实验以及生活中的大量事实都证实了幼儿学习书面言语是完全可能的，况且幼儿自身也有识字、读书、写字的积极性。但是当前幼儿园应否进行或如何进行识字教学等问题，还有待于进一步研究。

第二节　幼儿的言语与活动

一、活动中幼儿言语的特点分析

幼儿在活动中的言语主要有哪两方面?

儿童心理学家皮亚杰早在20世纪20年代，就对儿童的言语作了详尽研究。着重研究了2～7岁儿童的言语，并将其归为两大类。

(一)自我中心言语

自我中心，是指儿童把注意力集中在自己的动作和观点上的现象。在言语方面表现为讲话时不考虑自己在同谁讲话，也不在乎对方是否在听自己讲话，他或是自言自语，或是和一个偶然在身边的人共同活动感到愉快而说话。自我中心言语有三个范畴:

1. 重复(无意义字词的重复)

儿童为了感到说话的愉快而重复这些字词和音节，他并未想到要和谁说话，甚至在讲一些有意义字词时，也是如此。

2. 独白

儿童对自己说话，似乎在大声思考，其实并不是对任何人说话。

3. 双人或集体的独白

在有人存在的情况下，儿童之间相互说话，但并不构成沟通思想或传递信息的功能。说话的儿童并不要求旁人参与谈话，也不要求他懂得这种谈话，更不注意旁人的观点，旁人只是一个刺激物的作用。这种双人或集体独白实际上只是儿童在别人面前大声地对自己说话。

(二)社会化言语

1. 适应性告知

当儿童把某些事情告诉他的听众而不是讲给自己听，或者当儿童在对自己讲话的同时也在与别人合作时，或者他与他的听众进行对话时，便产生了适应性告知。适应性告知是儿童要促使别人听他讲话并且想方设法影响别人，即传递思想。

2. 批评和嘲笑

这是一类有关别人的工作和行为的话，它与特定的听众相关联，但富有强烈的情感因素，肯定自己而贬低别人，如“我妈给我买了一支冲锋枪，比你的大得多”。

3. **命令、请求(祈使)和威胁**

这一类言语有明确的相互作用。如“你过去一点，挡了我了。”“老师，请你过来一下。”“等一会儿，现在不要进来。”“别动，我要生气了。”

4. **问题与回答**

这一类言语常在社会化交往时出现。儿童提出的问题大多要别人答复，而儿童的回答有拒绝和接受两种。但是，这些回答不是有关事实的答复而是有关命令和请求的答复。如“你把玩具还给我，好吗?”“不，我才玩了一会儿，我不给你。”

二、幼儿言语发展中易出现的问题及教育措施

如何针对幼儿言语中的问题进行教育？

(一)音准差

1. **不能正确掌握发音部位和发音方法**

3～4岁的幼儿由于生理上不够成熟，不能恰当地支配发音器官。他们发出的元音错误少，错误往往在辅音上。这是因为辅音要依靠唇、齿、舌等运动的细微变化。小班幼儿由于唇和舌的运动不够有力，下腭不灵活，因而发出辅音时往往分化不明显，他们的发音往往不够清楚，说出来的常常是两个语音之间的音，而不是用一个语音代替另一个语音。吐字不够有力，也造成发音不准确。如3～4岁幼儿中有1/3的人不能发出f音。因为f是唇音，这些幼儿不会用牙齿咬住下唇，移动下腭。3～4岁幼儿发音错误集中在zh、ch、sh、z、c、s和n、l、f，常常互相混淆，如吃(chi)饭，念成ci饭；牛(niu)念成刘(liu)等。

由于受生理成熟的影响，幼儿初期孩子不能正确掌握发音部位和发音方法，出现发音困难。正确的教学可以帮助幼儿更好地掌握发音部位和发音方法。特别是对3～4岁的幼儿，可以用说儿歌、绕口令等方法，引导他们多作发音练习。在日常生活中，应要求幼儿努力做到发音清楚。

2. **方言影响**

发音除受生理成熟的影响以外，更受环境和教育影响。方言，是幼儿发音不准的又一因素。如南京地区的人，发“l和n”音较易混淆，于是孩子们也极易错误。苏州地区的方言中“图(tu)片(pian)”常被念成“dubian”而闹笑

话。环境中的方言对幼儿发音影响极大。因此，在日常教育活动中，要坚持以普通话教学，在日常生活中，家庭也应配合教育，为幼儿创设良好的语音环境，以促进其语音的良好发展。

(二)不会掌握言语表情技巧

要完整、连贯、清晰、准确地表述，除了正确运用语言的基本成分外，还要掌握有表情的说话技巧，而幼儿掌握得不好，表现在以下方面。

1. 语气的掌握

语气表示说话时情感和态度的区别，表现出说话人的状态，如疲劳、兴奋、有无信心等。语气的变化常表现在语音的高低、强弱、长短等方面。由于生理和经验等因素，幼儿不会正确运用语言表情技巧，如说话容易把声音拖长或说得过急。有的孩子还养成了撒娇的说话声调或粗暴的说话习惯。教师可以通过语音教学，让幼儿朗诵诗歌，复述故事，来帮助幼儿掌握这些技巧，对有些不良习惯要及时取得家长的配合，给予坚决纠正。

2. 幼儿口吃及其心理因素

口吃是语言的节律障碍、说话中不正确的停顿和重复的表现。幼儿的口吃，部分是生理原因，更多的是心理原因所致。口吃出现的年龄以 2～4 岁为多，2～3 岁一般是口吃开始发生的年龄，3～4 岁是口吃的常见期。

口吃的心理原因之一是说话时过于急躁、激动、紧张；另一种原因可能是模仿。幼儿的好奇心和好模仿的心理特点使他们觉得口吃“好玩”，加以模仿，不自觉地形成习惯。在幼儿园，口吃有时似乎像一种“传染病”迅速蔓延，原因就在于此。

解除紧张是矫正口吃的重要方法。特别是 4 岁以后，幼儿已经出现对自己语言的意识，如果对他的口吃现象加以斥责或过急要求改正，将会加剧其紧张情绪，使口吃现象恶性循环。甚至由此导致幼儿回避说话，难以纠正口吃。这种情况发展下去，还将对幼儿的性格产生不良影响，导致孤僻等性格特征。

三、在实践中提高幼儿的言语能力

如何发展幼儿的言语能力？

幼儿的语言能力是在交流和运用的过程中发展起来的。应为幼儿创设自由、宽松的语言交往环境，鼓励和支持幼儿与成人、同伴交流，让幼儿想说、敢说、喜欢说并能得到积极回应。为幼儿提供丰富、适宜的低幼读物，经常和幼儿一起看图书、讲故事，丰富其语言表达能力，培养阅读兴趣和良好的阅读习惯，进一步拓展学习经验。

幼儿的语言学习需要相应的社会经验支持，应通过多种活动扩展幼儿的生活经验，丰富语言的内容，增强理解和表达能力。应在生活情境和阅读活动中引导幼儿自然而然地产生对文字的兴趣，用机械记忆和强化训练的方式让幼儿过早识字不符合其学习特点和接受能力。

幼儿的言语能力是在社会环境与教育的影响下形成和发展的，因此，要重视在实践中发展幼儿的言语能力。

(一)创设良好的语言环境，为幼儿创造交往和说话的机会，并体验语言交往的乐趣

生活是语言的源泉，而良好的语言环境，就是指要丰富幼儿的生活内容。因此，要组织丰富多彩的活动，使幼儿广泛地认识周围环境，扩大眼界，丰富知识面，增长词汇。同时，要为他们提供更多的交往机会，尤其是和小朋友的交往，并重视幼儿在交往中用词准确和说完整的句子。孩子“见多识广”，语言自然也就丰。《3～6岁儿童学习与发展指南》中提到的具体措施有：

(1)每天有足够的时间与幼儿交谈，如谈论他感兴趣的话题，询问和听取他对自己事情的意见等。

(2)尊重和接纳幼儿的说话方式，无论幼儿的表达水平如何，都应认真地倾听并给予积极回应。

(3)鼓励和支持幼儿与同伴一起玩耍、交谈，相互讲述见闻、趣事或看过的图书、动画片等。

(4)方言和少数民族地区应积极为幼儿创设用普通话交流的语言环境。

(5)引导幼儿清楚地表达，成人自身的语言要清楚、简洁。

当幼儿急于表达而说不清楚的时候，提醒他不要着急，慢慢说，同时要耐心倾听，给予必要的补充，帮助他理清思路并清晰地说出来。

(二)把言语活动贯穿于幼儿的一日活动之中

幼儿园专门的语言活动时间是有限的，教师还应在日常生活中培养幼儿的言语能力。

教师可以组织幼儿收听广播、看电视、阅读图书、朗读文学作品等来丰富和积累文学语言；在一日生活中，通过随时的观察、交谈等来获得大量的感性认识，并复习、巩固和运用在专门的语言活动中学过的词汇和句式，更多地学习新的词汇，学会用清楚、正确、完整、连贯的语言描述周围事物，表达自己的情感和愿望。

(三)培养幼儿初步的阅读理解能力

1. **经常和幼儿一起阅读，引导他以自己的经验为基础理解图书的内容**

(1)引导幼儿仔细观察画面，结合画面讨论故事内容，学习建立画面与故事内容的联系。

(2)和幼儿一起讨论或回忆书中的故事情节，引导他有条理地说出故事的大致内容。

(3)在给幼儿读书或讲故事时，可先不告诉名字，让幼儿听完后自己命名，并说出这样命名的理由。

(4)鼓励幼儿自主阅读，并与他人讨论自己在阅读中的发现、体会和想法。

2. **在阅读中发展幼儿的想象和创造能力**

(1)鼓励幼儿依据画面线索讲述故事，大胆推测、想象故事情节的发展，改编故事部分情节或续编故事结尾。

(2)鼓励幼儿用故事表演、绘画等不同的方式表达自己对图书和故事的理解。

(3)鼓励和支持幼儿自编故事，并为自编的故事配上图画，制成图画书。

3. **引导幼儿感受文学作品的美**

(1)有意识地引导幼儿欣赏或模仿文学作品的语言节奏和韵律。

(2)给幼儿读书时，通过表情、动作和抑扬顿挫的声音传达书中的情绪、情感，让幼儿体会作品的感染力和表现力。

(四)成人良好的言语榜样

1. **成人注意语言文明，为幼儿做出表率**

(1)在与他人交谈时，认真倾听，使用礼貌用语。

(2)在公共场合不大声说话，不说脏话、粗话。

(3)幼儿表达意见时，成人可蹲下来，眼睛平视幼儿，耐心听他把话说完。

2. **以身作则，帮助幼儿养成良好的语言行为习惯**

(1)成人要经常表现出必要的文明礼节，并能结合情境与幼儿一起践行一些必要的交流礼节。如成人对长辈说话要有礼貌，引导孩子也有礼貌地与客人打招呼，得到帮助时要说谢谢等。

(2)成人注意并提醒幼儿遵守集体生活的语言规则，如轮流发言，不随意打断别人讲话等。

(3)成人注意并能提醒幼儿注意公共场所的语言文明，如不大声喧哗。

(五)注重个别教育

由于每个幼儿的个性特征和智力水平都存在着差异，言语的积极性和驾驭语言的能力也不一样。因此，教师在教育活动中和日常生活中，不可忽视对幼儿的个别教育。如对言语能力较强的幼儿，可向他们提出更高的要求，让他们完成一些有一定难度的言语交往任务；对言语能力较差的幼儿，教师要主动亲近和关心他们，有意识和他们交谈，鼓励他们大胆说话，表达自己的要求、愿望，叙述自己喜闻乐见的事，给予他们更多的语言实践机会，从而提高他们的言语水平。

内容小结

语言是人类交际的工具，是社会上约定俗成的符号系统。言语是运用语言进行交际活动的过程。言语和语言是密切联系的。

言语在幼儿心理发展中有非常重要的作用。言语的参与使幼儿的认识发生质的变化。言语对幼儿的心理活动和行为起调节作用。

幼儿的言语发展主要表现为口语的发展。

幼儿口语的发展主要表现为掌握语音、词汇、语法以及表达力的发展。

幼儿期能够掌握全部基本语音；词汇量增加很快，词类范围日益扩大，词义逐渐丰富和加深；初步掌握语法；口语表达能力进一步发展。

幼儿期出现了内部言语的过渡形式——出声的自言自语。

幼儿期出现了掌握书面语言的可能性。

结合幼儿言语发展特点及在教育活动中针对幼儿言语活动容易出现的问题，在交往实践中提高幼儿的言语能力。

思考与练习

1. 名词解释：

游戏言语　问题言语　自我中心语言

2. 幼儿言语发展有何特点？请简要阐述。

3. 跟踪记录一名幼儿在半小时内的言语情况，并分析其言语特点。

4. 结合幼儿言语发展特点及《3～6岁儿童学习与发展指南》，谈谈如何培养幼儿的言语能力。

第三编

幼儿的情绪、个性与社会性发展

第九章
幼儿的情绪和情感

本章主要内容

1. 什么是情绪、情感？
2. 情绪、情感与需要之间是什么关系？
3. 情绪、情感在幼儿心理发展中有何作用？
4. 如何保证幼儿情绪的健康？
5. 幼儿情绪、情感发展的主要特征是什么？
6. 如何发挥生活环境、游戏对幼儿情绪的积极促进作用？
7. 教师如何发现并帮助幼儿克服不良情绪？

第一节　情绪和情感在幼儿心理发展中的作用

一、什么是情绪和情感

什么是情绪和情感？二者是什么关系？情绪和需要之间有何关系？

情绪和情感是客观事物是否符合人的需要而产生的态度体验。

众所周知，人具有自己的主观世界，当客观事物作用于人时，人对待客观事物会有一定的态度，这种态度既可以是肯定的，也可以是否定的。当采取肯定的态度时，就会产生爱、满意、愉快、尊敬等内心体验；当采取否定态度时，就会产生憎恨、痛苦、忧愁、愤怒、恐惧、羞耻和悔恨等内心体验。这些内心体验就是情绪、情感。

一般说来，人们将情绪和情感的区别主要划分为三个方面。第一，情绪是和有机体的生物需要相联系的体验形式。当机体的某种生物需要得到满足时，则会产生积极的、肯定的情绪体验；反之，则产生消极的、否定的情绪体验。情感则是同人的高级社会性需要相联系的，如友谊感、道德感、美感及理智感等都是在人与人交往中，在社会文化生活中产生的情绪体验。第二，情绪发生较早，是人和动物共有的，而情感体验则是人类特有的，是个体发展到一定年龄才产生的。第三，情感比情绪更稳定、持久。情绪随环境的变化而变化，情感则较稳固、长期。

然而，情绪和情感的这种区别是相对的，实际上两者是密切联系的，情感在情绪的基础上形成，并对情绪产生巨大的影响。

情绪、情感反映的是客观事物与人的需要之间的关系。这种关系表现在以下几方面。首先，在客观事物中，有些事物能引起人的情绪反映，但有些事物则不能引起人的情绪反映。这是因为事物是否引起人的情绪反映，是以人的需要为中介的。如客观环境中存在的很多事物，只是作为一种存在，并不引起我们的反映。因为，这些事物与我们没有什么关系。其次，即使是同一种事物，在不同的需要下，也可以引起不同的情绪体验。当客观事物能满足人的需要或符合人的愿望、观点时，就会产生愉快、喜爱等肯定的情绪体验；当客观事物不符合人的需要或违背人的愿望、观点时，就会产生烦闷、厌恶等否定的情绪体验。以铃声为例，当你正在睡觉时，听到铃声就会感到讨厌；而当你盼着下课时，听到铃声则特别高兴。

总之，情绪和情感是人对客观事物的一种特殊反映形式，这种反映是以客观事物能否满足人的需要为中介的。

二、情绪、情感在幼儿心理发展中的作用

如何理解情绪、情感对幼儿的动机作用、组织作用、信号作用及感染作用？

（一）动机作用

情绪、情感是伴随人的需要是否满足而产生的体验，它对人的行为具有推动或抑制作用。如在任何时候和任何情况中发生恐惧，均能使人退缩或愤怒，使人发生攻击行为，厌恶引起人躲避。相反，愉快、喜爱等积极情绪则使人愿意去接近、探索。

对于幼儿来说，情绪的动机作用表现得更加明显，直接影响着幼儿的各种行为。如喜欢小动物的孩子，就会经常接近小动物，在接触的过程中，逐渐了解小动物的生活习性，掌握很多关于小动物的常识。这对于那些害怕、讨厌小动物的孩子来说，是很难做到的。幼儿的行为目的性和受理智支配的程度很低，不能有意识地控制自己去做不愿意做的事，因此，他们比成人更多地受情绪支配。

（二）组织作用

情绪是心理活动中的监控者，它对其他心理活动具有组织作用。积极情绪起协调、组织的作用，消极情绪起破坏、瓦解的作用。研究表明，不同的情绪状态对幼儿智力有不同的影响，过度兴奋不利于儿童的智力发展，愉快情绪可以提高幼儿智力活动的效果。其中，起核心作用的是幼儿的兴趣。相反，痛苦、惧怕等消极情绪对幼儿的智力活动有明显的抑制作用，痛苦、惧怕程度越大，活动效果越差。在日常生活中，虽然很多孩子学习各种技能，如弹琴、画画等，但学习效果差别非常大，这当然不能排除孩子天赋的作用，更重要的还是孩子的兴趣。有兴趣的孩子在学习过程中充满愉快的情绪，这种愉快和兴趣对他的学习起到了协调和组织的作用，能提高其学习的效果。而那些缺乏兴趣的孩子学习时，更多的是出于父母的压力，甚至产生害怕、厌恶等消极情绪，其学习效果就非常差。因此，加强幼儿兴趣的培养，对提高幼儿的学习效果是十分必要的。

（三）信号作用

情绪和情感是人向他人表达、传递自身需要及状态（如愉快、愤怒等）的

信号。这种信号功能主要通过情绪、情感的外显形式——表情及言语来实现。儿童在与父母、教师的交往中，更多的是从父母、教师的言行中获得一种感情的信号，喜爱或不喜爱。儿童在接受这些信号之后，就会逐渐学会将类似的信号(友好或不友好)传达给周围的其他人，并产生相应的友好或不友好行为。儿童与父母、教师的关系，特别是儿童与父母的关系对儿童的人格发展具有重大影响。

由于情绪、情感具有信号功能，因此，父母或教师应该注意孩子的感情信号，如孩子对父母、对教师、对同伴的态度，孩子是否紧张、焦虑等，从而了解幼儿情绪发展是否正常，发现孩子发展中存在的问题及时进行教育，保证幼儿心理的健康发展。

(四)感染作用

情感的感染作用是指在一定的条件下，一个人的情感可以影响别人，使之产生同样的情感，这种以情动情的现象称为情感的感染作用。

情感的这种作用在幼儿期表现尤为明显。例如，新生入园，班里有一个孩子哭，其他孩子也会莫名其妙地跟着哭；教师在组织教育活动时，以自己积极的情感去感染孩子，孩子们也会满腔热情，积极投入。因此，幼儿园积极、愉快的生活环境对幼儿的健康成长是非常必要的。

三、情绪与身心健康

你认为应该如何保证幼儿情绪的健康?

情绪与人的身心健康之间有着密切的关系，他们之间互相制约，互相影响。人的健康可以分为身体健康和心理健康。身体健康主要指机体有无疾病，近年来，人们越来越认识到情绪对身体健康的影响，特别是某些心因性疾病，如心脑血管病及癌症的发生，主要是由于消极情绪的长期影响。而心理健康主要是人的情绪健康，即没有异常情绪，如忧虑、焦虑等。因此，学会调节自己的情绪对每个人来说，都是十分必要的。

幼儿期也存在着情绪健康的问题。在很多幼儿身上，不同程度地存在着焦虑情绪。长期的焦虑状态会直接影响幼儿的健康成长。因此，父母和教师要注意发现幼儿的消极情绪，尽量保持幼儿健康的情绪，具体应该注意以下几方面问题。

(一)使幼儿经常处于愉快的情绪状态

紧张和压抑是两种最有害的状态，而愉快能释放紧张。因此，父母和教师有责任创设一种愉快的生活环境，使幼儿处于轻松、活跃、主动和摆脱束缚的状态，使幼儿充分享受到生活的乐趣；同时，激发、培养幼儿对客观事物的广泛兴趣，也是减轻幼儿紧张感，保持愉快情绪的有效途径。

(二)不要给孩子造成过重的压力

很多家长和教师在幼儿期就给孩子安排了过多的学习任务，这样做不但没有促进儿童的发展，反而可能造成紧张、焦虑等消极情绪，不利于幼儿情感的发展，因此，要适当减轻孩子的负担。

(三)让幼儿充分活动，与小伙伴交往

活动、交往是幼儿情绪产生的重要因素，束缚孩子的活动、交往可能产生两种不良后果：一是烦躁等消极情绪的产生，二是形成冷漠、孤僻的性格。因此，要给幼儿适当活动、交往的自由，让幼儿从中获得愉快和满足。

(四)允许幼儿适当宣泄

适当的宣泄是使紧张得到释放的有效途径。当成人对幼儿的不合理要求进行说服、制止后，幼儿往往会产生一种紧张状态，可能会有一些行为或言语来表达他内心的紧张，成人对此要给予谅解，但要注意适度，避免儿童过分强烈宣泄或持续时间很长，否则，容易导致消极情绪的加强，对此可以采取转移注意力的办法。

(五)让幼儿学会认识自己和他人

让幼儿学会评价自己，逐步了解自己的长处和不足。同时，逐渐学会从他人角度考虑问题。这样，当遇到问题和挫折时，会有一种比较正确的态度，避免消极情绪的干扰。

第二节　幼儿情绪、情感发展的主要特征

一、婴儿情绪的发生与发展

儿童情绪是什么年龄发生的？如何理解情绪是逐渐分化的？

(一)新生儿原始的情绪反应

儿童出生后，立即可以产生情绪表现，头几天的新生儿或哭或安静或四肢划动等，都可以称为原始的情绪反应。

原始情绪反应的特点是：它与生理需要是否得到满足直接关联着。身体内部或外部不舒适的刺激，如饥饿或尿布潮湿等，会引起哭闹等不愉快情绪。当直接引起情绪反应的刺激消失后，这种情绪反应也就停止了，代之以新的情绪反应。例如，换上干净尿布之后，立即停止哭声，情绪也变得愉快。

原始情绪反应是儿童与生俱来的，是本能的反应。

(二)婴儿期情绪的逐渐分化

在原始情绪的基础上，儿童逐渐出现各种基本情绪反应。我国心理学家孟昭兰研究发现，基本情绪在个体生活中的显现不是同时的，它们的发生有一个时间顺序。这种顺序服从于婴儿的生理成熟和适应的需要。基本情绪的发生既有一般规律，又有个体差异(见表 9-1)。

表 9-1　个体情绪发生时间表

情绪类别	最早出现时间	诱因	经常显露时间	诱因
痛苦	出生后 1～2 天	身体痛刺激	出生后 1～2 天	身体痛刺激
厌恶	出生后 1～2 天	不良味刺激	出生后 3～7 天	不良味刺激
微笑反应	出生后 1～2 天	睡眠中机体内过程节律反应	出生后 1～3 周	同前或触及面颊
兴趣	出生后 4～7 天	适宜光、声刺激	3～5 周	适宜光、声或运动物体
愉快(社会性微笑)	3～6 周	高频人语声、人的面孔刺激	2.5～3 个月	熟人面孔出现、面对面玩耍
愤怒	4～8 周	持续痛刺激	4～6 个月	同前及身体活动持续受限制
悲伤	8～12 周	持续痛刺激	5～7 个月	与熟人分离
惧怕	3～4 个月	身体从高处突然降落	7～9 个月	陌生人或新异性较大物体出现，如带声音的运动玩具出现
惊奇	6～9 个月	新异物突然出现	12～15 个月	新异物突然出现
害羞	8～9 个月	熟悉环境中陌生人的接近	12～15 个月	熟悉环境中陌生人的接近

二、幼儿情绪、情感发展的特点

幼儿情绪、情感的发展有何特点？
幼儿高级情感的发展表现在哪几个方面？

幼儿情绪、情感的发展主要表现为各种情绪体验逐渐丰富和深刻，情感越来越占主导地位。

(一)情绪的易冲动性

幼儿常常处于激动状态，而且来势强烈，不能自制，往往全身心都受到不可遏制的威力所支配。年龄越小，这种冲动就越明显。例如，想要一个玩具而得不到，就会大哭大闹，短时间内不能平静下来。成人要求“不要哭”也无济于事，他们甚至一句话也听不进去。这时成人不妨给他擦擦脸，待他稍微平静下来，再进行教育，有时也可以采取暂时转移注意力的方法，使幼儿情感逐渐稳定，但这种方法不可滥用，否则不利于幼儿控制力的培养。又如教师宣布要做游戏，幼儿会立刻欢叫起来，教师想提要求与玩法，幼儿往往听不进去。所以在组织幼儿教育活动时，要把握幼儿情绪易冲动的特点，在恰当的时候提出活动的要求。

随着年龄的增长、语言的发展，幼儿逐渐学会接受成人的语言指导，调节控制自己的情绪。5～6岁幼儿情绪的冲动性逐渐降低，情绪的调节控制能力逐渐加强。

(二)情绪的不稳定性

婴幼儿期的情绪是非常不稳定的，容易变化，表现为两种对立的情绪在短时间内互相转换。当幼儿得不到喜爱的玩具而哭泣时，成人递给他一块糖，他就立刻会笑起来。这种“破涕为笑”的现象，在小班尤为明显。

幼儿情绪的不稳定性与他们易受情境的影响有关。幼儿的情绪受外界情境所支配，情绪往往随着某种情境的出现而产生，又随着情境的变化而消失。例如，新入园的幼儿，看见妈妈离去时，会伤心地哭，当妈妈的身影消失后，经老师劝导，很快就会愉快起来，如果妈妈再次从窗口出现，又会引起孩子的不愉快情绪。

幼儿情绪的易变与幼儿情绪易受感染与暗示也有关。例如，新入园的幼儿哭着要妈妈，会引得已经适应幼儿园生活的其他孩子也跟着哭；有一个孩子笑，其他幼儿也会莫名其妙地跟着笑，如果老师问“你为什么笑”，幼儿往往说“不知道”，或者指指别人说“他也笑”，这些现象在小班较为明显。

幼儿晚期，孩子情感的稳定性会逐渐增强，但仍受家长和教师的感染，所以家长和教师在幼儿面前必须控制自己的不良情绪。

(三)情绪的外露性

婴儿期的孩子，不能意识到自己情绪的外部表现。他们的情绪完全表露在外，丝毫不加控制和掩饰。例如，想哭就哭，想笑就笑。他们也不认为这有什么不合理。到了2岁左右，孩子在日常生活中逐渐了解了一些初步的行为规范，知道了有些行为是要加以克制的。如一个孩子摔倒会引起本能的哭泣，但刚一哭，马上就对自己说："我不哭！我不哭！"这时孩子的脸上还挂着泪珠，甚至还在继续哭。这种矛盾的情况说明婴儿从不会调节自己的情绪到开始产生调节自己情绪的意识，但由于自我控制的能力差，还不能完全控制自己的情绪表现。这种情况一直持续到幼儿初期。如有一些初上幼儿园的孩子由于离开熟悉的家庭环境而哭起来，然后一边抽泣，一边自言自语地说："我不哭了，我不哭了。"这说明幼儿初期的孩子情绪和情感仍然是明显外露的。

幼儿晚期，儿童调节自己情绪表现的能力已有一定的发展。比如，在不愉快的时候也不哭，但这种控制是在一定范围内的。如一个孩子从家里带了梨，在幼儿园吃梨的时候，刚吃了几口，梨掉到地上了。当时，老师没在意，就扫走了，也没注意到孩子有什么反应。当晚上孩子一见到妈妈，马上委屈地哭起来，并告诉妈妈，老师把梨扫走了。孩子在父母和他人面前，行为表现有所不同，在父母面前较少克制，而在他人面前，则能有一定的控制力，即使有要求，也表达得较委婉。这表明幼儿已有一定的情绪调节能力。

在正确的教育下，随着幼儿对是非观念的掌握，幼儿对情绪的调节能力会很快发展起来。如6岁左右的孩子，在打针时可以不哭，在自己的需要不能满足时，也能克制自己的消极情绪，很快开始愉快地游戏。

(四)高级情感的发展

1. **道德感**

道德感是因自己或别人的言行举止是否符合社会道德标准而引起的情绪体验。3岁前只有某些道德感的萌芽，如孩子在2岁左右，开始评价自己乖不乖。进入幼儿园以后，特别是在集体生活环境中，孩子逐渐掌握了各种行为规范，道德感也逐步发展起来。小班的孩子道德感主要是指向个别行为的，如知道打人、咬人是不好的；中班孩子不但关心自己的行为是否符合道德标准，而且开始关心别人的行为，并由此产生相应的情感。如中班幼儿的告状行为就是幼儿对别人行为方面的评价，它是基于一定的道德标准而产生的。幼儿在对他人的不道德行为表示愤怒或谴责的同时，还对弱者表现出同情，并表现出相应的安慰行为。到了大班，幼儿的道德感进一步发展和复杂化。他们对好与坏、好人与坏人，有鲜明的不同感情。如看小人书时，往往把大灰狼和坏人的眼睛挖掉。

幼儿的羞愧感或内疚感也开始发展起来。特别是羞愧感从幼儿中期开始明显发展起来，幼儿对自己出现的错误行为会感到羞愧，这对幼儿道德行为的发展具有非常重要的意义。

总的说来，幼儿期的道德感是不深刻的，大都是模仿成人，执行成人的口头要求，并在集体活动中和成人的道德评价影响下逐渐发展起来的。

2. **理智感**

理智感是在认识客观事物的过程中产生的情感体验，它与人的求知欲、认识兴趣、解决问题的需要等满足与否相联系。

幼儿期是儿童理智感开始发展的时期。如 3～4 岁的幼儿在成人的指导下，用积木搭出一个房子时，会高兴地拍起手来。5～6 岁的幼儿会长时间迷恋于一些创造性活动，如用积木搭出宇宙飞船、航空母舰，用泥沙堆成公路、山坡等。6 岁孩子理智感的发展还表现在喜欢进行各种智力游戏，如下棋、猜谜等。这些活动不仅使幼儿产生满足、愉快、自豪、独立等积极情感，而且还会促进幼儿进一步去完成新的、更为复杂的认识活动。

幼儿的理智感有一种特殊的表现形式，即好奇好问。在这方面，其他任何年龄的儿童都不会表现如此明显。幼儿初期的孩子往往问“这是什么”，逐渐发展到问“为什么”“怎么样”等，如一个 5 岁的男孩一年内共提出 4043 个涉及 25 方面的问题。如果问题得到解决，幼儿就会感到极大地满足，否则就会不高兴。

幼儿理智感的另一种表现形式是与动作相联系的“破坏”行为。崭新的玩具刚买回家，转眼工夫就被孩子拆得四分五裂，一些家长为此感到烦恼。有位母亲告诉我国著名教育家陶行知先生，她的儿子把买回来的手表拆了，她一气之下，把儿子痛打一顿。陶行知先生幽默地说：“恐怕中国的爱迪生被你枪毙掉了。”

日常生活中，有许多在成人看起来是十分平常的现象，在幼儿看来却感到新奇，所以他们要问、要拆，这完全是幼儿理智感发展的表现。作为家长和教师要珍惜幼儿的这种探究热情，满足他们的好奇心。

3. **美感**

美感是人对事物审美的体验，它是根据一定的标准而产生的。幼儿对色彩鲜艳的艺术作品或物品容易产生喜爱之情。在教育的影响下，幼儿中期能从音乐、绘画作品中，从自己从事的美术活动、跳舞、朗诵中得到美的感受。幼儿晚期，不满足于颜色鲜艳，还要求颜色搭配协调。幼儿园孩子往往对老师的外表进行评价，幼儿喜欢外貌好看、穿戴漂亮的老师。

第三节　幼儿的情绪、情感与幼儿的活动

一、生活环境与幼儿的情绪、情感

生活环境对幼儿的情绪、情感有什么影响？
良好的生活环境包括哪些方面？

教育部印发的《3～6 岁儿童学习与发展指南》中把儿童的情绪安定、愉快作为学前儿童心理健康的重要目标。因此，要营造温暖、轻松的心理环境，让幼儿形成安全感和信赖感。如保持良好的情绪状态，以积极、愉快的情绪影响幼儿；以欣赏的态度对待幼儿。注意发现幼儿的优点，接纳他们的个体差异，不简单与同伴做横向比较；幼儿做错事时要冷静处理，不厉声斥责，更不能打骂。

生活环境包括物质环境和精神环境。宽敞的活动空间、优美的环境布置、整洁的活动场地和充满生机的自然环境，对幼儿情绪、情感的发展是非常重要的。研究表明，如果幼儿整天生活在空间狭小的环境中，就会情绪暴躁，经常出现烦躁不安的现象，可见生活的整体环境对幼儿的影响是不容忽视的，好的环境能使幼儿处于轻松、愉快的积极情绪状态，而差的环境则容易导致幼儿的消极情绪。

幼儿良好的情绪也依赖于幼儿园中丰富多彩的学习环境。因为单调的刺激容易使人产生厌烦等消极情绪，而环境的变化与多样则能激发人的探索兴趣。因此，创设手工操作区、娃娃乐园区、科学实验区等，可以使孩子在幼儿园中生活丰富，情绪积极愉快。

物质环境对幼儿情绪的影响固然很大，但精神环境更不容忽视。幼儿园的精神环境主要指幼儿周围人与人之间的关系，如教师之间的关系、教师与幼儿之间的关系及幼儿之间的关系。而在这些关系中，对幼儿影响最大的是班内教师与幼儿本人的关系及幼儿与同伴之间的关系。如果一个孩子觉得教师喜欢他，小朋友喜欢他，他就会爱上幼儿园，在幼儿园里，就很愉快；反之，如果老师不理睬他或总是训斥他，小朋友也不爱跟他玩，这个孩子就不愿意上幼儿园，在幼儿园里也会感到孤独、寂寞，心情不好。因此，要给幼儿创设一种欢乐、融洽、友爱、互助的氛围，使孩子们感到在幼儿园里生活非常愉快。在这方面，教师要特别注意那些受排斥型幼儿和被忽视型幼儿，

使他们能够和小伙伴友好相处，从与同伴的交往中得到快乐；对那些缺乏温暖的离异家庭的孩子，教师应给予更多的爱，在幼儿园里获得更多的快乐，能够健康成长。

情绪具有易感性的特点，和谐、优美、轻松、愉快的生活环境无疑会使幼儿从中受到感染，产生愉快的情绪体验，这种愉快的情绪会成为一种情绪背景，影响幼儿生活的各个环节。

二、游戏活动与幼儿的情绪、情感

游戏活动能满足幼儿的哪些需要？需要的满足对幼儿的情绪有什么影响？

动作、活动是影响人的情绪的一个主要因素。研究表明，束缚人的动作会引起本能的发怒。活动可以提高大脑神经系统的觉醒水平，使人精力充沛，从而产生积极愉快的情绪。在日常生活中，运动会使人感到心情愉快，精神焕发。

幼儿期的基本活动是游戏，游戏对幼儿情绪的作用更是十分有力的。这是因为游戏不仅使幼儿直接从活动本身获得快乐，还可以满足幼儿的许多需要。游戏和幼儿情绪、情感之间的关系主要体现在以下几方面。

1. **主动感是幼儿期的重要需要形式，游戏给幼儿提供了主动活动的机会**

在现实生活中，幼儿经常处于被支配、从属的地位。在家里，他们要听父母的话，按照父母的要求去做；在幼儿园，要听老师的话，遵守幼儿园的各项常规，但在游戏中，幼儿可以利用自己能利用的实物，做自己能做的动作，行使其改变环境的主动权。这种主动感的满足是在任何其他活动中都无法获得的。在游戏中，幼儿还可以不受压抑地表达自己的愿望，使自己的情绪、情感和态度自然流露出来，由被动变为主动，从而感到愉快、自信、心情舒畅。

2. **幼儿期旺盛的求知欲可以在游戏中得到满足**

儿童对各种事物都有强烈的好奇心，对什么都感兴趣，都想看一看，摸一摸，由于心理发展水平的限制，不能从事长时间单调的学习，而在游戏中，儿童可以自由摆弄、操作、直接感知和“实验”，既可以满足他们的好奇心，又可以根据个人的需要进行适合自己特点的动作，自由变换方式，使好动的要求得到满足。

3. **参加成人活动是每个幼儿的梦想，游戏可以使梦想成真，给幼儿带来巨大快乐**

随着动作和言语的发展及与成人接触的日益频繁，儿童希望自己能“和大人一样”参加社会生活，然而事实上是不可能的。但在游戏中，幼儿可以利用玩具或代替物模仿成人的活动，从而达到参与成人活动的目的，实现现实中不能实现的愿望而获得快乐。

著名的心理学家维果茨基说过：“教师乃是教育环境的组织者，是教育环境与教育者相互作用的调节者与监督者。”幼儿教师的主要任务之一就是创设良好的游戏活动环境，使幼儿在主动、积极的活动中受到教育。

三、成人的情绪态度与幼儿的情绪、情感

成人的情绪态度对幼儿有什么影响？教师在幼儿园应该保持什么样的情绪态度？

成人对儿童的态度是影响幼儿情绪、情感健康发展的一个主要因素。对儿童有较大影响的是父母和教师的态度。父母和教师是和幼儿接触最多的成人，同时，父母和教师在幼儿心目中占有极其重要的地位，幼儿希望得到父母和教师认可，而父母、教师认可与否主要以他们的情绪态度作为信号传达给幼儿，并成为影响幼儿情绪的主要原因。父母、教师的表扬会使幼儿感到快乐，反之，父母、教师的批评会使幼儿感到压抑和难过。如果父母和教师长期地以一种态度对待幼儿，会直接影响到孩子的情绪发展。研究表明，父母、教师态度温和，对孩子多鼓励、热情帮助，幼儿往往愉快活泼、积极热情、自信心强；相反，如果父母、教师对幼儿粗暴、冷淡、训斥多，那么，幼儿对周围事物就缺乏主动性和自信心，情绪萎靡，适应性差。认识到自己的态度对幼儿的影响，教师和家长就要注意日常生活中自己对幼儿的态度应以温和、鼓励与热情帮助相结合。

父母和教师在日常生活中的情绪，对幼儿的情绪状态也有很大的影响。因为，情绪具有很强的感染性，一个人的情绪可以影响别人，使之产生同样的情绪。特别是教师作为幼儿一日生活的组织者，其情绪的变化直接影响着全班的幼儿。因此，不管自己有什么痛苦与不愉快，在幼儿园都要保持良好的精神状态，这是幼儿教师职业道德的一种表现。

四、在活动中帮助幼儿克服不良情绪

教师如何及时发现幼儿的不良情绪并帮助幼儿克服不良情绪？

俗话说：“人非草木，孰能无情？”人们在认识客观事物的过程中，不是

无动于衷、冷若冰霜的，而常常是情动于中，形乎于外。幼儿期是情感自由表现时期，更是如此。幼儿对自己的情感不想掩饰，也不会掩饰，都自然地毫无保留地表现在他们的活动中。这也给教师提供了观察幼儿情绪、帮助幼儿克服不良情绪的良好条件。

(一)成人要善于发现与辨别孩子的情绪

有时，一个活泼的孩子突然默不作声，很可能是遇到了不顺心的事；而一向和顺内向的孩子突然有粗暴言行，很可能是他发泄情绪的一种方式。很多成人特别是家长往往认为，有吃有穿有玩，孩子还有什么理由不开心？分明是“捣蛋”。其实不然，孩子在幼儿园或家庭中会遇到许多不称心的事，易使孩子紧张、焦虑，失去心理平衡。那么，如何对待发脾气的幼儿呢？要找出原因，帮助幼儿分析，解除孩子心中的忧虑，同时，允许孩子以适当的方式表达自己的心情。当然教师和家长可以针对不同的情况灵活处理。

(二)从幼儿的情绪表现来分析幼儿的内心情感世界

孩子的行为往往反映了孩子内心已经形成的一些品质。发现孩子的情绪时要正确进行分析，对那些有益的部分，要及时表扬并加以保护；而对不良的苗头，则要帮助幼儿克服、纠正。目前独生子女中较多存在的不合理情感，如冷漠、自私、依赖、无规则、独占、侵犯性等，要加以积极疏导，使之淡化、消失。

(三)帮助幼儿学会恰当表达和调控情绪

《3～6岁儿童学习与发展指南》中提供了一些可以参考的建议。成人用恰当的方式表达情绪，为幼儿做出榜样，如生气时不乱发脾气，不迁怒于人；成人和幼儿一起谈论自己高兴或生气的事，鼓励幼儿与人分享自己的情绪；允许幼儿表达自己的情绪，并给予适当的引导。如幼儿发脾气时不硬性压制，等其平静后告诉他什么行为是可以接受的；发现幼儿不高兴时，主动询问情况，帮助他们化解消极情绪。

(四)要注意幼儿的个别差异，对不同的孩子采取不同的方法

如小红较内向，有人说她辫子不好看时，她坐在一旁闷闷不乐，对于这样的孩子要与她交朋友，增进感情的交流；而小明不一样，一不顺心就大哭大闹，这样的孩子“来得快，去得也快”，可以“冷处理”，等孩子冷静下来再与之谈心，而不要“火上浇油”。

(五)注意孩子积极情感的引导，让积极情感成为幼儿情感的主旋律，减少消极情感的产生

不要以为孩子的年龄小就不懂感情，其实幼儿敏感而脆弱，更需要大人的保护和关心；也不要以为幼儿无忧无虑，幼儿的情感世界同样丰富多彩，风云变幻。幼儿的情感世界需要父母、教师的关注、爱护并引导其趋向成熟。

内容小结

情绪、情感是客观事物是否符合人的需要而产生的态度体验，是人对客观事物的一种特殊反映形式，这种反映是以客观事物是否能满足人的需要为中介的。

情绪、情感对人的行为有推动或抑制作用，直接影响着幼儿的各种行为；积极的情绪对人的行为起协调、组织的作用，愉快和兴趣是幼儿智力活动的最佳情绪背景，可以提高幼儿智力水平；幼儿可以从别人的情绪中获得他人的感情信号，而他们也会将类似的感情信号传递给他人。成人可以从幼儿的情绪信号了解幼儿的心理世界；幼儿期情绪更容易受到感染和暗示，成人应以积极的情绪影响幼儿。

情绪与身心健康之间有着密切联系。他们之间互相制约，互相影响。情绪对健康有非常大的影响，健康反过来又影响人的情绪。幼儿期也存在焦虑，长期的焦虑会影响幼儿的身心健康，因此成人应注意幼儿的情绪健康问题。

新生儿出生时就有原始情绪，在原始情绪的基础上，逐渐出现各种基本情绪。基本情绪在个体生活中的显现不是同时的，它们的发生有一个时间顺序。这种顺序服从于婴儿的生理成熟和适应的需要。基本情绪的发生既有一般规律又有个体差异。

幼儿期情绪发展具有易冲动性、不稳定性和外露性，到了幼儿晚期，幼儿对情绪的控制能力、稳定性都有了明显发展。

幼儿的高级情感有了初步的发展。小班的孩子道德感主要是指向个别行为的，中班孩子不但关心自己的行为是否符合道德标准，而且开始关心别人的行为，并由此产生相应的情感；到了大班，幼儿的道德感进一步发展和复杂化；幼儿期是儿童理智感开始发展的时期。幼儿的“破坏”行为是其理智感发展的特殊表现。幼儿美感也开始发展。

生活环境对幼儿情绪、情感有直接影响。生活环境包括物质环境和精神环境。幼儿园的精神环境中，对幼儿影响最大的是班内教师与幼儿的关系及幼儿与同伴之间的关系。幼儿期的基本活动形式是游戏。游戏不仅使幼儿直接从活动本身获得快乐，还可以满足幼儿的许多需要，而这些需要的满足就会使幼儿获得愉快的情绪体验。成人对儿童的态度是影响幼儿情绪、情感健康发展的一个主要因素。对儿童有较大影响的是父母和教师的态度和情绪；幼儿期是情感自由表现时期，教师可以从活动中观察幼儿情绪，帮助幼儿克服不良情绪。

思考与练习

1. 什么是情绪、情感？

2. 情绪、情感与需要之间是什么关系？

3. 如何理解情绪、情感对幼儿的动机作用？

4. 情绪状态对幼儿的智力操作有什么影响？

5. 什么是情感的信号作用？从中你受到什么启发？

6. 如何理解幼儿情感的易感染性？

7. 如何保证幼儿情绪的健康？

8. 谈谈幼儿情绪、情感发展有哪些特点？如何根据这些特点对幼儿进行教育？

9. 判断下列说法是否正确，并说明理由：

(1)幼儿是无忧无虑的。

(2)情绪的产生前提是需要的满足。

(3)幼儿智力的最佳情绪背景是特别高兴的状态。

(4)幼儿不存在情绪健康问题。

(5)幼儿告状是孩子道德感发展的表现。

(6)拆卸玩具行为是幼儿求知欲的表现。

(7)幼儿很会掩饰自己的情绪。

(8)幼儿园的精神环境指的是游戏室的布置。

(9)新生儿期就有了各种情绪。

第十章
幼儿的个性

本章主要内容

1. 什么是个性？个性主要有什么特性？
2. 个性是由哪两大方面组成的？
3. 为什么说幼儿期是个性初步形成期？
4. 幼儿个性的发展对人一生有什么影响？
5. 幼儿自我意识发展有什么特点？
6. 幼儿需要的发展有何特点？
7. 幼儿气质发展有什么特点？
8. 幼儿性格有什么年龄特点？
9. 幼儿能力的发展表现在哪两方面？
10. 什么是幼儿个性评价，如何进行？

第一节　个性形成的开始

一、什么是个性

什么是个性？你如何理解个性的独特性、整体性和稳定性？
个性是如何形成的？个性由哪两部分组成？

在日常生活中，我们会发现，每个人都是独特的，世界上绝对没有两个完全一样的人，即使是孪生兄弟姐妹，在相貌上，你可能分不出谁是谁，但熟悉他们的人会从他们的言谈举止上把他们区分开来，即使是初次见到他们，只要和他们接触一段时间，注意观察他们的神态、动作、语言及待人接物的态度，也会把他们区别开来。他们存在于行为各个方面的不同表现就是人与人之间个性的差异。

所谓个性就是一个人比较稳定的、具有一定倾向性和各种心理特点或品质的结合。人与人之间个性的差异主要体现在每个人待人接物的态度和言行举止中。在日常生活中，如何将个性与其他心理现象区别开呢？这就要求我们掌握个性的特性。

(1)个性的独特性，是说人的个性千差万别，没有完全相同的。1953年在莫斯科发现了一对连体的4岁小姑娘。这两个小姑娘可以相对畅谈；在同一时间里，一个可能睡着了，另一个则睁眼不眠；一个有这样的兴趣，另一个却有其他的兴趣。这个例子可以清楚地说明人与人之间的差异。虽然每个人的个性是不同于他人的，但对于同一个民族、同一个群体、同一个年龄的人来说，个性中往往存在着一定的共性，如好奇心强等。从这个意义上说，个性是独特性和共同性的统一。

(2)个性的整体性，是说一个人的个性体现在他心理的各个方面，也可以说，在一个人行为的各个方面都能看到他个性的影子。如一个脾气急的人，往往表现出以下特点：动作快、吃饭急、做事时喜欢一口气干完、和人相对时也容易冲动等；一个有开拓性、创造性的人往往在任何时候都会表现出这种特点：不安于现状，爱动脑筋，不愿跟在别人的后面走，而希望和别人有所不同等。因此从一个人行为的一个方面往往可以看到他的个性。

(3)个性具有稳定性的特点。一个人在不同的时间、地点、场合的行为都会有非常相似的表现，是比较稳定的。比如一个关心别人的人，不论是在家里，在街上，还是在学校都会表现出这种品质。在家里，他会经常帮助父母做些力所能及的事，收拾房间、洗碗、洗衣服等，当爸爸妈妈身体不好时，他很着急，照顾爸爸妈妈；在街上，如果看到盲人、老人有困难，他会主动帮助；在公共汽车上，他会主动让座给小孩和老人；在学校，当同学有困难时，他会尽自己的力量帮助同学解决困难。这种个性的稳定性，可以帮助我们通过观察一个人的行为去推测他的个性，如在公共汽车上，几个女中学生在说笑，她们的座位之间都有空。这时一个妈妈领着一个 3～4 岁的孩子上车，想挤个空让孩子坐下。可是，这几个学生不但没人让座，而且无动于衷。通过这样一个场景，我们就可以想到，这几个学生的个性是一种自私的，不关心别人的。她们在家里、在学校里也很难关心别人。所以有时候，我们了解一个人不要只看他对你好不好，而要看他对他的父母、朋友及不相识的人的态度，只有这样，我们才能了解这个人真实的个性。

一个人的个性是相对稳定的，但并不是一成不变的，在一定的外界条件作用下，也会发生不同程度的改变，比如，一个孩子早期形成的一些个性特点，可以通过良好的教育而改变。即使一个成人的某些个性特点，也会由于生活环境的变化而变化，可能变好，也可能变坏。所以说，个性是稳定性和可变性的统一。

一个人独特的个性是如何形成的呢？个性是在人先天生物特点的基础上，在社会文化历史背景下发展起来的，如一个人所处的时代、民族文化、社会等，都对其个性产生重要的影响；而直接影响个性发展的具体因素是人生活的微观环境，即家庭、学校及生活、工作环境，对于儿童来说，影响其个性发展的主要是家庭、幼儿园和学校。

个性是一个复杂的、多侧面、多层次的动力结构系统，它主要包括以下两大方面内容：

(1)个性的动力系统，具体包括个性调控系统(自我意识)和个性倾向性(需要、动机、兴趣、志向、理想、信念和人生观等)，它决定着个性发展的方向，是个性最重要、最本质的特征。

(2)个性心理特征：包括能力、气质和性格，这些特征最突出地表明人心理的个别差异。

二、幼儿期是个性初步形成的时期

想一想，为什么说幼儿期是个性的初步形成期？

人的个性并不是先天带来的，而是在人出生后，在与外界环境的相互作用中逐渐形成和发展起来的。那么，人的个性是从什么时候开始形成的呢？

人们普遍认为，学前期是儿童个性初步形成的时期。因为幼儿期儿童心理活动的完整性、独特性和稳定性都得到了明显的发展，同时作为个性组成部分的两大方面都已有了明显的表现。

(一)幼儿期儿童的各种心理现象开始表现齐全，儿童心理的各个方面已经形成了一个比较完整的系统，开始形成一个完整的主观世界

孩子刚出生时，主要靠本能来维持生命，只具备简单的感觉现象，微弱的视力、听力及嗅觉、味觉等，随着孩子年龄的增长，逐渐出现记忆、想象、思维等各种心理现象。可以说，3 岁前是儿童各种心理现象逐渐发生的时期，但这时孩子的心理活动是零散的、混乱的。儿童行为中有很多矛盾现象，如说哭就哭，说笑就笑，调节控制自己行为的能力非常差，而调节控制能力逐渐成为心理协调者的过程发生在整个幼儿期，到了幼儿末期，幼儿调节、控制自己行为的能力逐渐增强，开始能够按照一定目的、计划去活动，只有当一个人能够按照自己的目的，控制自己行为的时候，才能说开始形成了一个完整的主观世界。由此可以看出，幼儿期心理活动开始具有系统性、完整性的特点。

(二)心理活动独特性形成，儿童间的个别差异日益明显，并渐趋稳定

幼儿的个性特征已显示出明显的差异：在新生儿期个别差异的基础上，幼儿气质的不同已十分明显；在能力方面，儿童智力的差异及特殊能力也开始显露出来；特别是作为个性特征核心成分的性格开始形成。同时，儿童的个人特点在不同的情境中表现渐趋一致，出现稳定的个人特点。如通过对幼儿日常生活行为的观察，对每个儿童做出比较准确的个性评定。幼儿期的这种差异成为儿童日后发展的基础，俗话说“三岁看大，七岁看老”，虽然有些绝对，但它表明了幼儿期个性的独特性及基础作用。

(三)心理活动的积极能动性开始形成

积极能动性对幼儿心理的各个方面产生巨大的影响。在自我意识方面，孩子对自己的评价及相应的自信心已经表现出差异，如有的孩子对自己充满信心，有的退缩；有的孩子能够控制自己，有的则自制力差。而自我意识水平的高低直接影响着幼儿的学习、生活，甚至对孩子以后的发展产生影响。在兴趣、爱好方面，有的孩子对事物充满好奇，喜欢探索，有的对什么都无所谓；有的喜欢昆虫，有的喜欢画画，有的则喜欢舞蹈等。兴趣、爱好的不同提供了幼儿间发展好坏和朝哪个方向发展的可能性。兴趣性强的孩子会有更好的发展，因为孩子的兴趣是影响其学习效果的最主要因素。

三、幼儿个性发展对人生发展的意义

请你谈谈，幼儿个性发展对人的一生有什么意义？

幼儿期个性的发展将是他们以后成长的基础。如果在此时期形成了良好的个性品质，儿童成长就会更加顺利；如果此时期发展出现问题，家长和教师对儿童日后的再教育过程就很难，对孩子来讲，改正其不良个性特点的过程更加痛苦。这里，介绍三个例子说明幼儿期个性的基础作用及对儿童小学期、青少年期的影响。

例一，一个小学二年级的女孩，为了让许多小朋友跟她玩，就买了一些小玩具戒指，并告诉其他同学，谁有这种小戒指就可以跟她玩。从她妈妈那里得知，用玩具等新鲜物品作为结交伙伴的手段，是在她上幼儿园时就有的。因为这个女孩本身长的非常矮小，在班里的玩伴少。为了和别人有更多的机会玩，她就经常从家里拿一些好的玩具，去“贿赂”那些在班里较有地位的孩子。这种特点一直持续到小学二年级，并成为一种行为特点。

例二，一个小男孩，在小的时候就习惯依赖别人，饭由大人喂，衣服由大人帮着穿，在家想要什么，奶奶、姥姥就给什么，非常任性。到了小学四年级，他的书包丢了两个，红领巾买了二十多条，铅笔橡皮买了无数；写作业要大人看着，甚至有一次老师布置的手工作业，让姥姥做；不明是非，班里有的同学的文具盒里放了钱，当这个同学不在时，别的同学让他拿，他就拿了去买东西几个人分吃。

例三，一个初中二年级的女生，平时经常偷同学们好看的笔，是她没笔用吗？不！她的笔比谁都多，一捆一捆的放在家里。就是因为喜欢，她才去偷。在很小的时候，她想要什么，父母就给什么，在她的心目中，只要她想要，什么都应该是她的。

从上述三个例子，我们可以看出幼儿期儿童的个性对其以后的影响。可以说，我们每个人身上的特点，都可以在我们小的时候找到根源。可见，幼儿期的成长对一个人来说，是多么的重要！这也提醒我们教育者，要注意幼儿个性的培养，为儿童的健康成长奠定一个良好的基础。

幼儿期个性发展主要表现在自我意识、需要、气质、性格及能力的发展等几方面。

第二节　自我意识的发展

一、什么是自我意识

什么是自我意识？自我意识包括哪几方面？

自我意识是人对自身的认识，它区别于其他心理现象，把认识的目光转向了自己，自己既是认识者，又是被认识者。

自我意识有两个基本特征。首先，必须有一种区分于他人的“分离感”，即一个人意识到自己作为一个独立的个体，是和他人不同的。其次，“稳定的同一感”，知道不管自己怎样变化，都是同一个人。

自我意识是人和动物的最后分界。动物不具有自我意识，如一只猫、狗、老虎，甚至猴子在照镜子时，不是在镜子上挠，就是对着镜子发怒，好像要跟镜子里的动物打架。这说明它们不知道镜子里是自己的形象。婴儿很小的时候也和动物类似，没有自我意识，他们照镜子的时候往往到镜子的背后去寻找另一个人。随着年龄的增长，孩子逐渐产生分离感，首先是和母亲的分离。孩子很小的时候觉得自己和妈妈是同一个人，认识人的时候首先认识爸爸，先会叫爸爸；以后逐渐知道妈妈和自己是两个人，自己是一个独立的个体，才开口叫妈妈。在此基础上，慢慢对自己形成一种稳定的认识，知道自己是什么样的一个人。分离感是自我意识发展的初级阶段，形成稳定的同一感才是自我意识发展的最终目的，而这种稳定的同一感的形成要到青年期才能真正完成。

自我意识是个性系统中最重要的组成部分，制约着个性的发展。自我意识的发展水平直接影响着个性的发展水平，自我意识发展水平越高，个性也就越成熟和稳定。自我意识的成熟标志着个性的成熟。如一个中学生，如果对自己有恰当的自我评价，知道自己的优点，对自己充满自信，同时，又了解自己的不足，能够自觉调节控制自己的情绪和行为，就能较好地完成学习任务，同时也能够比较融洽地和同学相处，心情愉快，给别人的直观印象就是比较成熟。反之，如果一个人对自己没有正确的认识，自负或自卑，就会影响他的学习、生活及交往，整天闷闷不乐，情绪低落，给别人的感觉就是还不成熟。自我意识对人的影响可以说是终生的，直接关系到一个人生活的幸福与否。因此，我们每个人都要不断地完善自我，使自我意识逐渐成熟。

二、婴儿自我意识的发生

婴儿自我意识是如何发生的？以什么为标志？

自我意识不是生来就有的，它有一个逐渐发生、发展的过程。自我意识的最初发生是在婴儿期。我国心理学界对3岁前儿童自我意识发展过程具有比较一致的看法。

1岁前儿童没有自我意识，不能把自己作为一个主体同周围的客体区别开，甚至不知道手、脚是自己身体的一部分，因而常常可以看到7、8个月的孩子咬自己的手指、脚趾，有时会把自己咬疼而哭叫起来。逐渐地，儿童知道了手、脚是自己身体的一部分，这就是自我意识的最初形式（自我感觉）或准备阶段。

自我意识的发展是以儿童动作的发展为前提的。通过动作，1岁左右的孩子开始把自己的动作和动作对象区分开来，开始知道自己和物体的关系，认识自己的存在和自己的力量，产生自信心。如常见到1岁左右的孩子不小心将手里的玩具弄掉，成人马上捡起递给他，之后，他会有意地把玩具反复扔到地上，看见成人去捡，他会高兴得笑出声来，似乎从中获得了极大的乐趣。

自我意识的真正出现是和儿童言语发展相联系的。在掌握了有关的词后，儿童开始知道了自己身体的各部分，然后发展到会像其他人那样叫自己的名字。这时儿童只是把名字理解为自己的信号，遇到别人也叫相同的名字时就会感到困惑。

儿童在2～3岁的时候掌握代名词“我”，是儿童自我意识萌芽的最重要标志。这个年龄的孩子经常说“我的”，开始不让别人动自己的东西。经过一段时间以后，孩子逐渐会准确地使用“我”这个词来表达自己的愿望，这时可以说儿童的自我意识产生了。

三、幼儿自我意识发展的特点

幼儿自我意识的发展表现在哪几个方面？有什么特点？

幼儿期自我意识的发展主要表现在自我评价、自我体验及自我控制的发展三方面。自我评价就是一个人对自己的评价。自我体验是一个人通过自我评价和活动产生的一种情感上的状态，如自尊心、自信心、羞愧感等。自我控制反映的是一个人对自己行为的调节、控制能力，包括独立性、坚持性和自制力等。

(一)幼儿自我评价发展的主要特点

1. **主要依赖成人的评价**

幼儿初期，孩子还没有自我评价。他们的自我评价往往依赖于成人对他们的评价，如“老师说我是好孩子”。到了幼儿晚期，开始出现独立的评价。

2. **自我评价常常带有主观情绪性**

幼儿往往不从事实出发，而从情绪出发进行自我评价，即使自己不如别人也往往说自己好。到了幼儿晚期，幼儿的自我评价会逐渐客观，有的幼儿还表现出谦虚。

3. **自我评价具有笼统性、片面性和表面性**

评价不具体、不细致、不全面、不深刻，这与幼儿认识水平低有关。

(二)自我体验的发展

幼儿自我体验最明显的特点就是受暗示性。成人的暗示对幼儿自我体验的产生起着重要作用。年龄越小，表现越明显。如问幼儿，做捂眼睛贴鼻子游戏时，你私自拉下毛巾，被老师发现，你会觉得怎样？3 岁的孩子只有 3.33％的人有自我体验，而在暗示时(你做了错事，觉得难为情吗)，有 26.67％的人有自我体验。这就提醒家长和教师要充分注意幼儿受暗示性强的特点，多采用积极的暗示，使幼儿逐步树立自信心，并逐渐学会体谅他人的心情。

(三)自我控制的发展

幼儿自我控制能力的发展主要表现在独立性、坚持性和自制力的发展方面。从 3 岁左右孩子开始“闹独立”，什么事都想自己来，这是儿童独立性发展的表现。随着年龄的发展，幼儿的独立性越来越强，可以自己做很多事情；幼儿的坚持性和控制自己的能力到 5～6 岁也有较大的发展。

第三节　需要的发展

一、什么是需要

> 什么是需要？需要对人有什么意义？

自有人类社会以来，人们每天吃饭、穿衣、睡觉、劳动、娱乐，年复一年、日复一日地进行各种活动，究竟是什么原因呢？其原因就在于需要。需要是个体在一定的生活条件下，即在一定社会和教育要求或自身要求下，产生的对于一定客观现实的反映，是个体对其存在与发展条件的欲求的心理倾向，是个体活动的内在动力。

人的需要是一个多层次的结构。最低级需要是人的生理需要，在生理需要满足的条件下，产生高一级的需要即安全需要。在这两种需要满足的前提下，各种社会性需要就会逐渐出现，如被尊重的需要、友谊的需要及成就的需要等。

需要是个体行为积极性的源泉。人活动的积极性根源在于他的需要。如一个未来的幼儿教师有着强烈的责任感，希望做一个优秀的幼儿教师，她就会产生好好学习幼儿心理学的需要。做一个幼儿教师，如果不懂得幼儿特点，就无法和孩子沟通，也无法了解孩子，无法有的放矢地进行教育。在这种需要的推动下，她就会认真学习，同时在日常生活中，注意观察孩子们的特点，将所学理论应用于实际。但每个人用功的程度会有差异，需要越强烈的人，学习就越刻苦，最终的成就也就越大。

二、幼儿需要的发展特点

幼儿需要发展有何特点？

幼儿除了生理性需要之外，开始出现明显的社会性需要。同时，需要的发展已经显现出明显的个性特点。

（一）开始形成多层次、多维度的整体结构

幼儿的需要中，既有生理与安全需要，也有交往、游戏、尊重、学习等社会性需要，并且各种需要的水平也在提高（见表 10-1）。

表 10-1　幼儿需要结构模式

层次	生理与物质生活	安全与保障	交往与友爱	游戏活动	求知活动	尊重与自尊	利他行为
1	吃喝睡等	人身安全	母爱	游戏	听讲故事	信任、自尊	劳动
2	智力玩具	躲避羞辱	友情	文娱活动	学习知识	求成	助人

（二）优势需要有所发展

幼儿期占主导地位的优势需要由几种强度较大的需要所组成，同时，每种需要在整体中所占的地位也在发生变化（见表 10-2）。在 3～6 岁这一阶段，

不同年龄儿童需要的排序都在发生变化，说明幼儿期是需要发展的活跃时期。应该特别注意的是，从 5 岁开始，儿童的社会性需要迅速发展，求知的需要、劳动和求成的需要开始出现。而 6 岁时，儿童希望得到尊重的需要强烈，同时对友情的需要开始发生。这些都应该引起教师和家长的重视。

表 10-2　幼儿期各种需要地位和变化(排序号)

年龄(岁)	生理	母爱	人身安全	游戏	听讲故事	学习知识	劳动	求成	信任与尊重	友情
3	1	2	3	4	5					
4	2	4	5	1	3					
5	2			4		1	3	5		
6	4					2	3		1	5

第四节　幼儿气质的发展

一、什么是气质

什么是气质？常见的气质类型有几种？划分气质类型的标准是什么？

在日常生活中，我们会发现，有的人性情急躁，易发脾气，有的人冷静沉着，遇事三思而后行；有的人动作灵活，适应性强，有的人则行动缓慢，适应性差。这些表现反映的就是一个人的气质。

那么，什么是气质呢？气质是一个人特有的较稳定的心理活动的动力特征，主要表现在心理活动的速度(反应快慢)、强度(反应大小)及灵活性(转换速度)方面。

根据心理活动的速度、强度及灵活性的不同，在日常生活中，一般将人的气质划分为四种类型：胆汁质、多血质、黏液质及抑郁质，每种类型的人都有其各自的典型特征。

胆汁质：精力旺盛、表里如一、刚强、易感情用事。

多血质：反应迅速、有朝气、活泼好动、动作敏捷、情绪不稳定、粗枝大叶。

黏液质：稳重有余而灵活性不足，踏实但有些死板，沉着冷静但缺乏生气。

抑郁质：敏锐、稳重、多愁善感、怯懦、孤独、行动缓慢。

由于气质与人的神经系统联系密切，因此，和其他心理现象比，气质和遗传的关系更为密切。如关于双生子的研究表明，同卵双生子比异卵双生子在气质上要相似得多。即使把同卵双生子和异卵双生子分别放在两种不同的生活环境和教育下培养，他们仍然保持原来的气质特点，变化不大，但这并不是说，气质是不可改变的。在一定的教育下，人原来的某些气质特点可以发生变化。

二、新生儿的气质类型

一般将新生儿的气质划分为几种类型？

从来到这个世界之始，孩子间就表现出了明显的差异，即气质类型的差异。一般将新生儿分成：活泼型、安静型和一般型。

1. 活泼型

活泼型新生儿是名副其实地“连哭带闹”来到人间的。他不像一般新生儿那样要靠外力帮助才哭，会等不及任何外界刺激就开始呼吸和哭喊。睡醒后立即就哭，从深睡到大哭之间似乎没有较长的过渡阶段，每次喂奶对母亲来说都是一场战斗。

2. 安静型

这类新生儿出生时就不活跃。出生后安安静静地躺在小床上，很少哭。动作柔和、缓慢，眼睛睁得大大的，四处环视。给他第一次洗澡时也只是睁大眼睛，皱皱眉，没有惊跳也没有哭，甚至连打针也很安静而不大闹。

3. 一般型

这类新生儿介于两者之间，大多数新生儿都属于这一类。

三、幼儿气质的发展

幼儿气质发展有什么特点？
想一想儿童气质类型对父母的教养方式有什么影响？

(一)幼儿气质具有稳定性

有人对138名儿童从出生直到小学的气质发展进行了长达10年的追踪研究。结果发现，在大多数儿童身上，早期的气质特征以后一直保持稳定不变。如一个活动水平高的孩子，在2个月时睡眠中爱动，换尿布后常蠕动；

到了5岁，在进食时常离开桌子，总爱跑。而一个活动水平低的孩子，小时候睡眠或穿好衣服后都不爱动，到他5岁时穿衣服也需要很长时间，在电动玩具上能安定地坐很久。

（二）生活环境可以改变幼儿的气质

幼儿气质发展中存在"掩蔽现象"。所谓"掩蔽现象"就是指一个人气质类型没有改变，但是形成了一种新的行为模式，表现出一种不同于原来类型的气质外貌。如一儿童的行为表现明显属于抑郁质，但神经类型的检查结果都是"强、平衡、灵活型"。究其原因，发现这个儿童长期处于十分压抑的生活条件下，这种生活条件下形成的特定行为方式掩盖了原有的气质类型，而出现了委顿、畏缩和缺乏生气等行为特点。由此可见，儿童的气质类型具有相对稳定的特点，但并不是一成不变的，其后天的生活环境与教育可以改变原来的气质类型。

（三）儿童气质影响父母的教养方式

研究发现，儿童的气质类型对父母亲的教养方式有较大影响。母亲对待不同类型孩子的行为方式是不同的。如果孩子的适应性强、乐观开朗、注意持久，则母亲的民主性表现突出。而影响母亲教养方式的消极气质因素包括：较高的反应强度（如平时大哭大闹）、高活动水平（如爱动、淘气）、适应性差及注意力不集中等。可见，儿童自身的气质类型，通过父母亲教养方式而间接影响自身的发展。因此，父母和教师平时要注意孩子的气质特点，同时，还要避免儿童气质中的消极因素对自己教育方式的影响。

第五节　性格的发展

一、什么是性格

你怎样理解性格？性格有哪两个特点？

性格是表现在人对现实的态度和惯常的行为方式中比较稳定的心理特征，性格的特点表现在两个方面。

（一）对现实稳定的态度

在日常生活中，人们对待周围的人与事的态度是各式各样的。如有的人待人热情，善于关心别人；有的人冷漠；有的人私心很重，只顾自己；有的人勤劳，有的人懒惰等，这种经常表现出的对人、对己及对事的态度差异是人性格的主要方面。

(二)惯常的行为方式

所谓惯常的行为方式区别于一时的、偶然的，如某人勇敢、坚强，只是在一个偶然的场合表现出胆怯的行为，不能据此就说他有怯懦的性格特征。

人在现实生活中的行为方式是多种多样的，包括衣食住行的各个方面。但这些行为方式并不是无规律地堆积在一个人的身上，而是在人生观和价值观指导下各种生活方式的总和。如一个有着高尚人生观和价值观的人，他在现实生活中最典型的行为方式是关心他人、勤奋、无私、勇敢；而一个只顾自己的人，遇事首先是为自己打算，就会表现出怯懦，因为俗话说得好："无私才能无畏。"

稳定的态度和惯常的行为方式是统一的。人对现实的态度决定其行为方式，而惯常的行为方式又体现着人对现实的态度。

二、婴儿性格的萌芽

想一想，儿童性格是在什么时期萌芽的？具体表现在哪几方面？

儿童的性格是在先天气质类型的基础上，在儿童与父母相互作用中逐渐形成的。儿童性格的最初表现是在婴儿期，3 岁左右，儿童出现了最初的性格差异，主要表现在以下几方面。

(一)合群性

在儿童与伙伴的关系方面，可以看出明显的区别，如有的孩子比较随和，富于同情心，看到小伙伴哭了会主动上前安慰，当发生争执时，较容易让步；而另一些孩子存在明显的攻击行为，如在托儿所，一般每个班里都有几个爱咬人、打人、掐人的孩子。

(二)独立性

独立性是婴儿期发展较快的一种性格特征，独立性的表现大约在 2～3 岁变得明显。独立性强的孩子可以做很多事情，如有的孩子在 2 岁多时就可以用筷子吃饭、自己洗手等，而有些孩子吃饭还得大人追着喂；有些孩子可以独睡，而有些孩子离不开妈妈，表现出很强的依赖性。

(三)自制力

在正确的教育下，有些 3 岁儿童已经掌握了初步的行为规范，并学会了自我控制，如不随便要东西，不抢别人的玩具，当要求得不到满足时也不会无休止地哭闹，而另一些孩子则不能控制自己，当要求得不到满足时就以哭闹为手段，要挟父母。

（四）活动性

有的儿童活泼好动，手脚不停，对任何事物都表现出很强的兴趣且精力充沛；而有的儿童则好静，喜欢做安静的游戏，一个人看书或看电视等。

婴儿期性格的差异还表现在坚持性、好奇心及情绪等方面。

三、幼儿性格的发展

怎样理解幼儿性格的可塑性？幼儿性格的年龄特征主要表现在哪几方面？

在婴儿期性格差异的基础上，幼儿性格差异更加明显，并越来越趋向于稳定。总的说来，幼儿的性格发展相对于小学和中学的儿童更具有明显的受情境制约的特点，家庭教育、幼儿园教育对孩子的性格发展有着至关重要的影响；同时，幼儿的性格具有很大的可塑性，行为容易得到改造。如果在此时期加强教育，可以改正婴儿期出现的一些不良的性格特点。

在儿童性格差异日益明显的同时，幼儿性格的年龄特征也越来越明显，具体表现在以下几方面。

（一）活泼好动

活泼好动是幼儿的天性，也是儿童性格的最明显特征之一，不论是何种类型的幼儿都有此共性。即使那些非常内向、羞怯的幼儿，在家里或者与非常熟悉的小伙伴玩耍时，也会自然表现出活泼好动的天性。

幼儿的活泼好动可以达到让成人无法理解的程度，似乎玩对他们来说永远不会厌倦。幼儿并不会因为不断活动而感到疲劳，往往对过于单调和枯燥的活动感到厌倦。活动对形成幼儿良好、愉快的情绪具有积极的意义。

（二）喜欢交往

儿童进入幼儿期后，在行为方面最明显的特征之一是喜欢和同龄或年龄相近的小伙伴交往，在任何地方，对于大多数孩子来说，可以不经他人特别介绍，孩子之间会很快、自然而然地熟悉起来，并一起做游戏。

这一点从幼儿游戏的发展可以看出，3岁以后，儿童游戏中的社会性成分逐渐加强，个体游戏减少，与同伴有联系的、合作性的游戏增多。可见，与同龄人的交往是幼儿期的一个明显需要。

对那些被拒绝和被忽略的幼儿的研究发现，他们很少和小伙伴交往，感到更加孤独。换言之，对于所有幼儿来说，他们都希望有小伙伴共同游戏，并被别人接纳。

(三)好奇好问

幼儿有着强烈的好奇心和求知欲，主要表现在探索行为和好奇好问两方面。

幼儿对客观事物，特别是对未见过的新鲜事物非常感兴趣，什么都想看看、摸摸，如常见的幼儿的“破坏”行为。

好问，是幼儿好奇心的一种突出表现。幼儿天真幼稚，对于提问毫无顾虑。他们经常要问许多个“是什么”和“为什么”，甚至连续追问，真可谓“打破砂锅问到底”。

(四)模仿性强

模仿性强是幼儿期的典型特点，小班幼儿表现尤为突出。幼儿模仿的对象可以是成人也可以是儿童。对成人模仿更多的是对教师或父母的行为，这是由于这些人是幼儿心目中的“偶像”，他们希望通过对成人行为的模仿而尽快长大，进入成人的世界。儿童之间的相互模仿更多，幼儿模仿的内容多是社会行为，还有一部分是学习知识方面的模仿，如一个幼儿看到或听到另一个幼儿在做一件事或背一首儿歌，他会有意无意地模仿。幼儿的模仿方式有即时模仿(马上照着做)，也有延迟模仿(过一段时间后的模仿)。

(五)好冲动

幼儿性格在情绪方面的表现就是情绪不稳定，好冲动。关于这个特点，请参看“幼儿的情绪和情感”一章。

第六节　能力的发展

一、什么是能力

什么是能力？一般将能力分几种？你怎样理解人与人之间能力的差异？

能力是指人们成功地完成某种活动所必须具备的个性心理特征。如我们评价一个人，经常说某人具有较强的言语表达能力、敏锐的观察力或交往能力等，而这些能力都是通过人的活动体现出来的。反过来，这些能力又是人成功地完成某种活动的必备条件。

心理学家从不同的角度将能力划分成两大类。

(一)一般能力和特殊能力

一般能力指大多数活动所共同需要的能力，也就是通常所说的智力。观察力、记忆力、思维力、想象力和注意力都是一般能力。一般能力以抽象概括能力为核心。

特殊能力指为某项专门活动所必须的能力，又称专门能力，它只在特殊领域内发挥作用，是完成有关活动不可缺少的能力，如数学能力、音乐能力、美术能力等。

(二)认识能力、操作能力和社交能力

认识能力就是学习、研究、理解、概括和分析的能力。操作能力就是操纵、制作和运动的能力，如平常所说的动手能力、运动能力等。社交能力即人们在社会交往活动中所表现出来的能力，如组织管理能力、言语感染能力等。

总而言之，人的能力是多种多样的，千差万别的。每个人在活动中的能力水平不同，有高有低。有的人在这方面能力强一些，在那方面能力就弱一些。也就是我们平常所说的，每个人都有自己的长处和短处。因此教师要注意发现每个幼儿的长处，不要用一个标准去衡量幼儿。同时要注意因材施教，使每个幼儿都得到较大发展。

二、幼儿能力的发展

幼儿期智力发展在人的一生中占有什么样的地位?
你认为幼儿智力教育重点在哪儿?

(一)幼儿智力的发展

大量的研究结果表明，幼儿期是智力发展最快的时期。很多人认为，儿童从出生到 5 岁是智力发展最为迅速的时期。

在儿童智力发展的过程中，儿童的智力最初已经是复合的，其发展趋势是各种智力因素的比重和地位不断变化，这种观点已被越来越多的人所接受。著名婴幼儿智力测验专家贝利发现，不同年龄儿童智力的主要因素是不同的，随着年龄的发展，那些复杂的因素越来越重要，各年龄儿童智力成分的变化如下：

10个月前：视觉追踪、社会反应性、视觉兴趣、动作灵活性。

10～30个月：知觉探求、声音交往、对物体意义的接触、知觉辨别力。

30～50个月：物体关系、形状记忆、言语知识。

50～70个月：言语知识、复杂的空间关系、词汇。

关于儿童智力随着年龄变化的观点提醒我们，根据不同年龄儿童心理的这些特点，在不同的阶段，对儿童智力培养的内容要有所侧重。总的来说，幼儿期应该特别重视儿童观察力、注意力及创造力的培养。

(二)幼儿特殊能力的表现

在幼儿期，有些特殊才能已经开始有所表现，如音乐、绘画、体育、数学、语言等。据统计，在学前期出现音乐才能的，比以后年龄出现的更多(见表10-3)。

表10-3　最早出现音乐才能的年龄阶段(%)

性别	3岁前	3～5岁	6～8岁	9～11岁	12～14岁	15～17岁	18岁以后
男	22.4	27.3	19.5	16.5	10.7	2.4	1.2
女	31.5	21.8	19.1	19.6	6.5	1	0.5

第七节　幼儿个性评价

一、什么是幼儿个性评价

什么是幼儿个性评价？如何对幼儿个性进行评价？

幼儿个性评价就是对幼儿个性的某一方面或个性的整体做出的评价，这种评价不是教师主观的评价，而是依据孩子的实际表现而做出的客观、真实的评价。

二、教师对幼儿进行个性评价的意义

幼儿个性评价是教师深入了解幼儿，对幼儿进行个别教育的前提。

每个教师都希望进一步了解自己班里的幼儿，很多老师也曾试着记录孩子们的行为，以便透彻地了解他们行为表现的原因及模式，尽管他们非常尽责地去做，却多半没有很大的意义，而且，总脱离不了以主观的眼光或直觉作为判断依据的弊病。如不同的老师对同一个幼儿可能有不同的评价，这其中就是个人的主观因素在起作用，因此我们这里讲的对幼儿的评价不是那种主观的评价，而是基于对幼儿客观观察的较科学的评价。这种公正、客观的评价是教师正确进行教育的前提。

教师对幼儿进行个性评价，可以针对幼儿个性特点进行有的放矢的教育。如对于那些性格内向的幼儿要经常鼓励，让其大胆表现，培养自信心，发展他们的主动性；而对于那些任性的幼儿则要注意加强是非观念的教育，让他们了解对与错，懂得行为的限度，培养自制力。每个孩子都是独特的，而我们的教育也不能千篇一律，要根据每个幼儿的特点进行相应的教育，才能使每个幼儿都能在原有水平上得到较大发展。而做到这一点，就要依靠教师对每个幼儿有比较深入的了解。

教师对幼儿进行的个性评价，不但可以了解幼儿个性的全貌，有针对性地进行教育，而且还可以对幼儿日常发生的各种行为进行诊断，从而找到解决问题的办法。孩子们的行为是其心理的表现，任何行为都可以找到心理的根源。通俗讲，儿童的行为都是有理由的，教师可以根据对幼儿行为的观察，去发现幼儿行为的真正原因，从而找到教育对策。以客观的态度去观察，特别是要以幼儿的眼光去看他们，这对教师真正了解孩子是非常必要的。如一个小女孩，经常独自一个人玩，表现得很孤僻。经过多次观察发现，她之所以自己玩是为了引起教师的注意，因为，当她单独玩时，教师就会注意她，并让她和其他小朋友一起玩，所以，她就采取这种行动来吸引教师的注意。而教师知道了这个原因之后，采取了相应的教育措施，即只有当这个女孩与其他小朋友玩时，教师才注意她，而她自己玩时故意不去看她。经过一段时间，这个小女孩与小伙伴的交往增加了。再比如，有些孩子故意不守纪律，教师通过观察发现他们也是为了吸引教师的注意，教师就采取不理睬的方式，当这些孩子调皮时，装作看不见或不在意，过一段时间，这些孩子就逐渐变得守纪律了。

总之，作为教师要懂得幼儿的行为是由他们的年龄特点及个性特点决定的，每个行为的背后都有原因，了解这些原因可以帮助我们进一步了解幼儿，并进行有的放矢的教育。要真正做到这一点，就要学会幼儿个性评价的方法。

三、如何进行幼儿个性评价

幼儿教师对幼儿进行个性评价的最好方式就是日常观察记录。对幼儿的行为产生的前因后果做出较详细的记录。即使不是十分完整和详细，偶尔匆匆记下的一些资料，几个月后也是相当可观的。最重要的是如何在笼统的或一般性的行为中分辨出孩子们行为上的差异。

总的来说，记录并不一定按照固定的规则，每个人可以有自己的创新，但有一些可供参考的建议：由于实际带班的老师记录的时间有限，所以随身带小卡片或笔记本是必要的，铅笔要放在随手可及之处；尽量靠近去观察但不要打扰他们的活动；笔记可以粗略记，有空时再补充；记下小朋友的名字及行为发生的地点、时间；如果有幼儿问你在做什么，不可以对他说出记录的事情；对记录的内容也应该保密，不要指明是某一个幼儿或某一个家庭。

(一)观察记录的项目

对幼儿观察记录的项目包括幼儿一日生活中的各主要环节，如游戏、午睡、进餐、起床等。这些例行的活动可以反映幼儿的个性特点，因为他们是按照自己的愿望及行为方式去行动的；同时，对偶然事件的记录也是很重要的，因为这个时候行为没有任何外在因素的影响，可以反映儿童最本质的一些特点，如打针、争吵时孩子的一些行为更直接反映他们的个性特点。

(二)观察记录的内容

观察记录应该尽可能详细些，要记录下当时的环境及幼儿行为的整个过程。

(1)当时的环境，包括场所及人员。

(2)教师与孩子的关系及教师对孩子的注意程度。

(3)教师要求与否，是个别要求，还是统一要求。

(4)幼儿对教师要求的反应。

(5)幼儿的整个行为过程。

(6)幼儿的活动结果或效果如何。

前三项可以帮助我们了解影响幼儿行为的外在因素、幼儿行为的起因、兴趣状态，后三项可以帮助我们了解幼儿行为表现。

但要注意，这六项并不是像填答卷似的逐个回答，在实际观察中，可以将上述项目用简单叙述的方式记录下来。

(三)评价

在完成了所有的观察记录项目以后，最重要的一步就是对幼儿的个性特点做出恰当的评价，这也是观察记录的目的所在。评价要完全依据实际观察，要将幼儿的多次行为综合起来，而不是孤立地从一次活动出发。评价要客观，不能想当然。

评价可以有不同形式，但一般来说有如下几项：个性特点、存在的问题及教育建议等。

四、幼儿观察记录与个性评价举例

例一：张磊同学观察的是一个4岁的男孩，通过观察这个幼儿在幼儿园的表现，她认为这是一个性格内向的孩子，应该给他更多的关心，使其更活泼、大胆地表现及与小朋友交往。下面是他平时的表现：

(1)他和小朋友的接触少。

(2)每次看到他笑的时候，都很拘谨，点到为止；而哭的时候也不敢大哭，眼泪刚要流下来就止住了。

(3)在美术活动时，有的小朋友把手放到他的肩上，他也不说什么，就把别人的手拿下去。别的小朋友兴奋得往自己脸上涂水彩，他却不这样，依旧很卖力地画画。

(4)不太熟的人跟他说话他不理睬。

(5)他总是心事重重，爱愣神，看到别人看他也只是用眼睛一瞟，不像别的小朋友会笑一笑。

例二：郑伟华同学观察的是一个3.5岁的男孩。这是一个活泼调皮、自理能力稍差的孩子，针对这个孩子的特点，她建议加强孩子注意力及自我控制能力的培养。下面是他在起床时的表现：

(1)别的小朋友都还在梦乡，他就已经醒了，眼睛睁得很大，两手捧住旁边小男孩的头往自己脑袋上顶，一边笑，一边说着什么。

(2)双手支起身子，被老师点了名字后，立即躺下，但一刻也不肯安静下来，不时地和旁边的男孩嬉闹着。

(3)老师发现他和旁边男孩都光着屁股，随即打了一人一下，他就调皮地笑了。

(4)老师让小朋友们起床，吩咐两个小朋友互相帮助叠被子，他两手扯住被角和小伙伴一同对折，双手抖动着被子，被子始终没有叠成功，较其他小朋友水平低。

(5)下床动作很快，穿上拖鞋后，飞快地跑进厕所，从厕所出来后找到自己的位置，开始穿衣服。先是将衣服穿好，后穿裤子(穿反了)，可袜子怎么也穿不进去，自己尝试了几次后求助于老师。

内容小结

个性就是一个人比较稳定的、具有一定倾向性和各种心理特点或品质的独特结合。人与人之间个性的差异主要体现在每个人待人接物的态度和言行举止中。

幼儿期是个性初步形成的时期，幼儿期个性的发展对人的一生有重要意义，是以后成长的基础。幼儿期个性发展主要表现在自我意识、需要、气质、性格及能力的发展几方面。

自我意识是人对自身的认识，自我意识的最初发生是在婴儿期。幼儿期自我意识的发展主要表现在自我评价、自我体验及自我控制的发展三方面。

需要是个体在一定的生活条件下，即在一定的社会和教育要求或自身要求下产生的对于一定客观现实的反映，是个体对其存在与发展条件欲求的心理倾向，是个体活动的内在动力。幼儿除了生理性需要之外，开始出现明显的社会性需要。同时，需要的发展已经显现出明显的个性特点。

气质是一个人所特有的较稳定的心理活动的动力特征，幼儿气质具有稳定性，影响父母的教养方式。

性格是表现在人对现实的态度和惯常的行为方式中比较稳定的心理特征。儿童性格的最初表现是在婴儿期，幼儿期儿童性格特点更加稳定、明显，但幼儿性格发展相对于小学和中学的儿童具有明显的受情境制约的特点。

能力是指人们成功地完成某种活动所必须具备的个性心理特征。能力一般划分为两大类。人的能力是多种多样、千差万别的。幼儿期是智力发展最快的时期。在幼儿期，有些特殊才能已经开始有所表现。

幼儿个性评价是教师深入了解幼儿，进行个别教育的前提。教师进行幼儿个性评价的最好途径就是在日常生活中有目的地观察记录幼儿的行为表现，在此基础上分析，找到有针对性的教育方法。

思考与练习

1. 什么是个性？个性有什么特性？
2. 为什么说幼儿期是个性的初步形成期？
3. 结合实际谈谈幼儿期个性发展对儿童以后发展的影响。
4. 什么是自我意识？谈谈婴儿期自我意识发生的过程。
5. 幼儿自我意识发展表现在哪三方面？
6. 幼儿需要的发展有什么特点？
7. 什么是气质？幼儿气质对父母教养方式有什么影响？
8. 什么是性格？幼儿性格的年龄特点有哪些？
9. 什么是能力？幼儿能力的发展表现在哪两方面？

10. 判断下列说法是否正确，并说明理由：

(1)日常生活中人与人的差别就是个性的表现。

(2)幼儿期是个性初步形成时期。

(3)“树大自然直”，孩子的缺点随着年龄增长会自然改正。

(4)孩子会用“我”这个词就标志自我意识的发生。

(5)幼儿能独立、全面、客观地评价自己。

(6)幼儿容易接受暗示。

(7)家长和教师不需要尊重幼儿。

(8)人的气质在一生中变化相当大。

(9)性格是个性的核心。

(10)幼儿期是智力发展非常迅速的时期。

(11)观察一个幼儿并做出个性评价。

第十一章
幼儿的社会性发展

本章主要内容

1. 什么是社会性？什么是社会性发展？
2. 幼儿的社会性发展包括哪些内容？
3. 幼儿的人际关系包括哪两方面？是如何发展的？
4. 幼儿的性别行为是如何发展的？
5. 幼儿的亲社会行为是如何发展的？
6. 幼儿的攻击性行为是怎样发展的？
7. 独生子女社会性发展存在哪些问题？

第一节　幼儿社会性发展的意义与内容

一、社会性发展对幼儿发展的意义

想一想，什么是社会性？什么是社会性发展？
社会性发展对幼儿发展有什么意义？

每个儿童从一出生就开始了由一个自然人向社会人的转化过程。当孩子开始对母亲的爱抚报之以动作或微笑时，就开始了人与人之间的交往，他的社会性行为也就开始表现出来了。随着年龄的增长，儿童生活范围逐渐扩大，社会经验日益增多。他们要学会与父母、同伴以及其他人进行交往、接触，并逐步建立起与父母、与同伴比较稳定的关系；幼儿期，在外界环境影响下，一种比较明显的性别行为方式也开始出现；同时，作为道德发展主要内容的亲社会行为和攻击性行为也表现出较明显的个别差异，并成为以后发展的基础。可以说，幼儿期是人一生中社会性发展的关键时期，幼儿期社会性发展的好坏直接影响到儿童以后的发展。

因此，家庭、幼儿园和社会应共同努力，为幼儿创设温暖、关爱、平等的家庭和集体生活氛围，建立良好的亲子关系、师生关系和同伴关系，让幼儿在积极健康的人际关系中获得安全感和信任感，发展自信和自尊，在良好的社会环境及文化的熏陶中学会遵守规则，形成基本的认同感和归属感。

(一)社会性及社会性发展的含义

社会性是作为社会成员的个体为适应社会生活所表现出的心理和行为特征。也就是人们为了适应社会生活所形成的行为方式，如对传统价值观的接受，对社会伦理道德的遵从，对文化习俗的尊重以及对各种社会关系的处理。

社会性发展(也称儿童的社会化)是指儿童从一个自然人，逐渐掌握社会的道德行为规范与社会行为技能，成长为一个社会人，逐渐步入社会的过程，它是在个体与社会群体、儿童集体以及同伴的相互作用、相互影响的过程中实现的。

社会性可以说是一种静态形式，而社会性发展则是动态的过程，一种逐渐建构的过程。

新生儿只是一个具有人类生理结构的生物人，不具备社会属性。客观世界的一切对他们来说，都是陌生的，他们不认得生活中的任何东西和任何人。儿童的社会性发展是在同外界环境相互作用的过程中逐渐实现的。几个月后，孩子就会对人有反应，看到有人来了高兴得手舞足蹈，开始找人，身边没有人就开始哭叫；在妈妈的精心照料下，他们逐渐熟悉妈妈的声音、妈妈的脸，产生“认生”现象，见到妈妈就高兴，陌生人要抱一抱时就哭了；随着孩子长大，父母在日常生活中逐渐教给孩子各种行为规则，孩子一天天地变得“懂事”，并逐渐能够“管住”自己；上幼儿园、小学、中学以后，在老师的教育下，孩子们逐渐接受社会的各种道德行为规范，并将这些道德规范作为自己行为的标准自觉遵守。这就是一个生物人逐渐发展成为一个社会人的过程，即儿童社会性发展的过程。

(二)社会性发展对幼儿发展的意义

社会性发展对幼儿的健康成长乃至其未来的发展具有至关重要的作用，特别是在社会迅速发展的今天，幼儿社会性发展更是必须予以充分重视的问题。

(1)社会性发展是儿童健全发展的重要组成部分，促进儿童社会性发展已经成为现代教育的最重要目标。

培养身心健全的人是教育的最根本目标。社会性发展是儿童身心健全发展的重要组成部分，它与“体格发展”“认知发展”共同构成儿童发展的三大方面。从现代教育观念看，让儿童“学会做人”的教育远较知识和智能教育重要。重视社会性教育这一主题，已经成为现代教育观念转变的一个主要标志。

完美的人格对一个人的智慧和能力的发展及事业的成功具有促进作用。一个人的道德水平，社会交往能力等对其事业的成功是很重要的。20 世纪 90 年代初出现的情感智力的概念，把社会性发展的作用提到了一个新的高度。1995 年，丹尼尔·古尔曼在《情感智力》一书中强调“情商是决定人生成功与否的关键”，从而使“智商决定论”成为历史。这种观点的提出反映了未来社会发展的需要及相应的人才标准。而劳伦斯·沙波罗的《EQ 之门：如何培养高情商的孩子》(1997)一书又提出“智商是天生的，情商却是靠后天培养的”。什么是情商呢？情商就是除了智力因素以外的一切内容，主要包括“同情和关心他人、表达和理解感情、控制情绪、独立性、适应性、受人喜欢、解决人与人之间关系的能力、坚持不懈、友爱、善良及尊重他人”(彼得·萨洛瓦里和约翰·梅耶，1990)，可以看出所谓情商指的就是人的社会性。既然情商是可以培养的，是因教育而形成的，就会出现儿童发展的不同水平。

因此，教育者有责任培养高情商的孩子，发展儿童的社会性。

(2)幼儿期是儿童社会性发展的重要时期，幼儿社会性发展是儿童未来发展的重要基础。

幼儿社会性发展在人一生的社会性发展中，占有极其重要的地位。幼儿社会性发展是其未来人格发展的重要基础，此阶段幼儿社会性发展的好坏直接关系到幼儿未来人格发展的方向和水平。这是由于幼儿期是儿童社会性发展的关键时期，幼儿的社会认知、社会情感及社会行为技能在此阶段都得到了迅速发展，并开始逐渐显示出较为明显的个人特点，某些行为方式已经成为比较稳定的个性特征。

到孩子入小学前，儿童之间就已经表现出较为明显的个体差异。如有的孩子是非观念较强，懂道理，有的孩子则反之，是非不分，显得很不懂事；有的孩子对人友好，受人喜欢，能够独立处理好和同伴的关系，有的孩子任性、自私，不会和人交往，也不受小伙伴的欢迎。可以说，幼儿期儿童社会性发展的好坏，将是以后儿童社会性发展的基础，并对孩子入学以后的学习、交往有非常大的影响。因此，幼儿期应该注重发展儿童的社会性，为孩子们未来的发展奠定一个良好的基础。

(3)幼儿的社会性主要是在日常生活和游戏中通过观察和模仿潜移默化地发展起来的。成人应注重自己言行的榜样作用，避免简单生硬的说教。

二、幼儿社会性发展的内容

想一想，幼儿的社会性发展有哪些内容？有什么表现？

人际交往和社会适应是幼儿社会学习的主要内容，也是其社会性发展的基本途径。幼儿在与成人和同伴交往的过程中，不仅学习如何与人友好相处，也在学习如何看待自己、对待他人，不断发展适应社会生活的能力。良好的社会性发展对幼儿身心健康和其他各方面的发展都具有重要影响。

(一)人际关系的建立

社会性的核心内容就是人际关系。幼儿的人际关系主要包括两方面：一是幼儿与成人的关系，主要指幼儿与父母的关系(亲子关系)；二是幼儿与同伴的关系。

(二)性别行为的发展

性别行为是人按照特定社会对男性和女性的期望而逐渐形成的行为，也就是男人就应该像个男人，女人就应该像个女人，无论是在服装，还是在行为举止方面。

(三)亲社会行为的发展

亲社会行为的发展是幼儿道德发展的核心问题。道德的发展是指个人的那些符合社会规则的道德品质即品德的形成和发展，它包括对各种是非标准的掌握，如道德认知、道德情感体验及道德行为。幼儿亲社会行为的形成和发展就是这三者有机结合的产物。

亲社会行为是指个体帮助或打算帮助他人的行为及倾向，具体包括分享、合作、谦让、援助等。

(四)攻击性行为的发展

攻击性行为也称侵犯行为，就是伤害他人或物的行为，如打人、咬人、故意损坏东西(不是出于好奇)、向他人挑衅、引起事端。攻击性行为是一种不受欢迎却经常发生的行为。

第二节　幼儿人际关系的发展

一、儿童与父母关系(亲子关系)的发展

想一想，亲子关系对幼儿有什么作用？儿童依恋的发展分几个阶段？亲子关系有几种类型？

亲子关系有狭义与广义之分。狭义的亲子关系是指儿童早期与父母的情感关系，即依恋；广义的亲子关系是指父母与子女的相互作用方式，即父母的教养态度与方式。

俗话说“父母是孩子的第一任老师”，孩子一出生，首先接触的就是父母，朝夕相处，父母对孩子的健康成长具有非常大的影响。

早期的亲子关系是以后儿童建立同他人关系的基础，儿童早期亲子关系好，就比较容易跟其他人建立比较好的关系。良好的依恋关系对儿童发展的作用是怎样实现的呢？这主要是通过满足了孩子爱的需要(希望被人疼爱)和安全需要(觉得有人保护自己)而实现的。这两种需要的满足是儿童进行探究学习和跟他人交往的前提。如在1～3岁期间离开父母，由他人抚养的孩子往往胆小，与同伴主动交往的能力差，在个性方面存在的问题也多，如独立

性差、任性等。

广义的亲子关系(父母教养态度和方式)直接影响到儿童个性品质的形成，是儿童人格发展的最重要影响因素。如父母态度专制，孩子容易懦弱、顺从，父母溺爱则导致孩子任性。目前独生子女社会性方面的问题，主要是由不正确的亲子关系，即家长的过分保护和溺爱所致。

(一)依恋关系与依恋行为

依恋是婴儿寻求并试图与另一个人保持亲密的身体和情感联系的一种倾向。一般认为，婴儿与主要照料者(母亲)的依恋大约在第六七个月里形成。与此同时，对陌生人开始出现害怕的表现，即俗话说的“认生”。婴儿依恋的发展可以分为三个阶段。

第一阶段(出生至 3 个月)：无差别社会反应的阶段。在此期间，婴儿对人的反应几乎都是一样的，哪怕是对一个精致的面具也会表示微笑。他们喜欢所有的人，最喜欢注视人的脸。见到人的面孔或听到人的声音就会微笑，以后还会咿呀“说话”。

第二阶段(3～6 个月)：有差别社会反应阶段。这时期婴儿对母亲和他所熟悉的人的反应与陌生人的反应有了区别。婴儿在熟悉的人面前表现出更多的微笑、啼哭和咿咿呀呀。对陌生人的反应明显减少，但依然有这些反应。

第三阶段(6 个月～3 岁)：特殊情感连接阶段。婴儿从六七个月开始，对依恋对象的存在表示深深的关注。当依恋对象离开时，就会哭喊，不让离开，当依恋对象回来时，会显得十分高兴。

尽管所有的婴儿都存在着依恋行为，但由于儿童和依恋对象的交往程度、质量不同，儿童的依恋存在不同的类型。一般认为，儿童的依恋行为可以分为三种类型。

1. **回避型**

母亲在场或不在场对这类儿童影响不大。母亲离开时，他们并无特别紧张或忧虑的表现。母亲回来了，他们往往也不予理会，有时会欢迎母亲的到来，但只是暂时的，接近一下又走开了。这种儿童接受陌生人的安慰和接受母亲的安慰一样。实际上，这类儿童并未形成对人的依恋，所以，有的人把这类儿童称为“无依恋的儿童”。

2. **安全型**

这类儿童与母亲在一起时，能安逸地玩弄玩具，对陌生人的反应比较积极，并不总是偎依在母亲身旁。当母亲离开时，探索性行为会受影响，明显地表现出一种苦恼。当母亲又回来时，他们会立即寻求与母亲的接触，但很快又平静下来，继续做游戏。

3. **反抗型**

这类儿童遇到母亲要离开之前，总显得很警惕，有点大惊小怪。如果母亲要离开他，他就会表现出极度的反抗，但是与母亲在一起时，又无法把母亲作为他安全探究的基地。这类儿童见到母亲回来时就寻求与母亲的接触，但同时又反抗与母亲接触，甚至还有点发怒的样子。如孩子见到母亲立刻要求母亲抱他，可刚被抱起来又挣扎着要下来。要他重新回去做游戏似乎不太容易，他不时地朝母亲那里看。

三种类型中，安全型依恋是较好的依恋类型。早期依恋对儿童的发展具有重要影响，主要表现在以下两方面。

(1)安全的依恋有助于儿童积极的探索。

研究表明，早期安全型依恋的孩子在2岁时产生更多复杂的探索行为，儿童对事物产生积极的兴趣，主动去活动、探索。而随着儿童年龄的发展，这种好奇心则直接影响儿童解决问题的过程，使孩子表现出更高的持久性和愉快感，有助于问题的解决。在不安全依恋的儿童身上没有这种表现。

(2)婴儿期的依恋质量影响到儿童的同伴关系。

研究证明，安全型依恋的儿童比不安全型依恋的儿童更容易接触，情绪比较愉快，攻击性低，具有更强的社会适应能力和社会技能。还有研究发现，至少对男孩，1岁时的不安全型依恋是与6岁时的适应不良和行为问题相联系的。

既然健康依恋有助于儿童个性发展，那么，如何培养孩子良好的依恋呢？首先，父母亲与孩子之间要保持经常的身体接触，如抱孩子，还要适当和孩子一块玩耍。同时，父母亲在和孩子接触时，要保持愉快的情绪，高高兴兴地和孩子玩。其次，父母亲对孩子所发出的信号要敏感地做出反应，要注意孩子的行为(如找人、哭闹等)，并给予一定的关照。

(二)亲子关系类型对幼儿发展的影响

亲子关系通常分成三种：民主型、专制型及放任型。不同的亲子关系类型对幼儿的影响是不同的。研究证明，民主型的亲子关系最有益于幼儿个性的良好发展。

1. **民主型**

父母对孩子是慈祥的、诚恳的，善于与孩子交流，支持孩子的正当要求，尊重孩子的需要，积极支持子女的爱好、兴趣；同时对孩子有一定的控制，常对孩子提出明确而又合理的要求，将控制、引导性的训练与积极鼓励儿童的自主性和独立性相结合。父母与子女关系融洽，孩子的独立性、主动性、自我控制、信心、探索性等方面发展较好。

2. **专制型**

父母给孩子的温暖、培养、慈祥、同情较少。对孩子过多地干预和禁止，对子女态度简单粗暴，甚至不通情理，不尊重孩子的需要，对孩子的合理要求不予满足，不支持子女的兴趣爱好，更不允许孩子对父母的决定和规则有不同的表示。这类家庭中培养的孩子或是变得顺从、缺乏生气，创造性受到压抑，无主动性、情绪不安，甚至带有神经质，不喜欢与同伴交往，忧虑，退缩，怀疑；或是变得自我中心和胆大妄为，在家长面前和背后言行不一。

3. **放任型**

父母对孩子的态度一般关怀过度，百依百顺，宠爱娇惯；或是消极的，不关心，不信任，缺乏交谈，忽视他们的要求；或只看到他们的错误和缺点，对子女否定过多，或任其自然发展。这类家庭培养的孩子，往往形成好吃懒做，生活不能自理，胆小怯懦，蛮横胡闹，自私自利，没有礼貌，清高孤傲，自命不凡，害怕困难，意志薄弱，缺乏独立性等许多不良品质；但也可能使孩子具有发展自主、少依赖、创造性强等性格特点。

二、幼儿同伴关系的发展

幼儿同伴交往的发展特点有哪些？同伴交往对儿童发展有什么作用？
如何帮助孤立型和受排斥型幼儿改善同伴关系？

（一）2 岁前同伴交往的发展阶段

同伴之间的交往最早可以在 6 个月的儿童身上看到，这时的婴儿可以相互触摸和观望，甚至以哭泣对其他婴儿的哭泣做出反应。6 个月以后，婴儿之间交往的社会性逐渐加强。有人对 2 岁以内儿童的同伴交往进行研究，并分成三个阶段。

第一阶段：物体中心阶段。这时儿童之间虽有相互作用，但他把大部分注意都指向玩具或物体，而不是指向其他儿童。

第二阶段：简单相互作用阶段。儿童对同伴的行为能做出反应，并常常试图支配其他儿童的行为。例如，一个孩子坐在地上，另一个孩子转过来看他，并挥挥手说声“哒”，继续看那个孩子，这样重复了 3 次，直到那个孩子笑了。以后，每说一声“哒”，那个婴儿就笑一次，一直重复了12次。这个孩子的重复就是一种指向其他儿童的社会性交往行为。

第三阶段：互补的相互作用阶段。在这一阶段出现一些更复杂的社会性互动行为，对他人行为的模仿更为常见，出现了互动的或互补的角色关系，如“追赶者”和“逃跑者”，“躲藏者”和“寻找者”，“给予者”和“接受者”。这一阶段，当积极性的社会交往发生时，常伴有微笑、出声或其他恰当的积极性表情。

婴儿早期的社会性交往通常是积极的，到1岁左右则有近半数的同伴交往是攻击性、冲突性行为，如打架、揪头发、推人等行为。

(二)幼儿游戏中同伴关系的发展特点

儿童之间绝大多数的社会交往是在游戏情境中发生的，儿童在游戏中的交往是从3岁左右开始的，而3岁儿童独自游戏比较多，4岁左右，儿童在游戏中互借玩具、彼此的语言交流及共同合作逐渐增多。

3岁后，幼儿同伴交往的发展特点主要表现在如下四个方面：

(1)3岁左右，儿童游戏中的交往主要是非社会性的，儿童以独自游戏或平行游戏为主。幼儿彼此之间没有联系，各玩各的。

(2)4岁左右，联系性游戏逐渐增多，并成为主要游戏形式。在游戏中，幼儿彼此之间有一定的联系，说笑、互借玩具，但这种联系是偶然的，没有组织的，彼此间的交往也不密切，这是幼儿游戏中社会性交往发展的初级阶段。

(3)5岁以后，合作性游戏开始发展，同伴交往的主动性和协调性逐渐发展。幼儿游戏中社会性交往水平最高的是合作性游戏。在游戏中，幼儿分工合作，有共同的目的、计划。在游戏中，幼儿必须服从一定的指挥，遵守共同的规则，互相协作、尊重、关心与帮助，大家一起为玩好游戏而努力，如角色游戏、规则游戏等。

(4)幼儿期同伴交往主要是与同性别的儿童交往。这种倾向随着年龄的增长越来越明显，女孩更明显地表现出交往的选择性，自己的偏好更加固定，女孩游戏中的交往水平高于男孩，表现在女孩的合作游戏明显多于男孩，男孩对同伴的消极反应明显多于女孩。

(三)同伴关系对儿童发展的作用

1. 同伴交往可以满足儿童归属和爱的需要以及尊重的需要

儿童与同伴交往可以获得从成人那里得不到的心理满足，特别是当儿童在集体中被同伴接纳并建立友谊时，会获得依恋感、亲密感和归属感。

2. 同伴交往可以促进亲社会行为的发展

同伴关系对儿童的亲社会行为发展具有积极作用，在儿童的安慰、帮助、同情诸能力形成过程中，同龄人起着决定性作用。

3. 同伴交往对儿童的社会适应性及心理健康具有重要影响

研究发现，早期同伴交往不良将导致儿童以后的适应困难，同伴交往不良的儿童更易出现下列问题：退学或逃学、孤僻、退缩、冷漠、压抑或其他心理障碍，加入不良团伙乃至犯罪。

4. 同伴交往可以促进儿童思维的发展

儿童在相互交往中，可以从别人那里获得丰富的信息，可以互相启发，使自己的思维精细化。特别是儿童间的争论、认识的冲突，可以促进儿童对问题的更好理解和掌握。

(四)交友关系中的问题儿童

在儿童间的交往中，有的孩子受同伴欢迎，有的较普通，还有的交往存在一些问题。这些存在交友困难的儿童可以分成两种：被忽视型幼儿和被排斥型幼儿，他们都具有各自的行为特点。

1. 被忽视型幼儿

体质弱、力气小、能力较差；积极行为与消极行为均较少，性格内向、慢性、好静、不太活泼、胆小、不爱说话、不爱交往，在交往中缺乏积极主动性且不善交往，孤独感较重，对没有同伴与自己玩感到比较难过与不安。

2. 被排斥型幼儿

体质强，力气大，行为表现最为消极，不友好，积极行为很少；能力较强，聪明，会玩，性格外向，脾气急躁，容易冲动，过于活泼好动，喜欢交往，在交往中积极主动，但又很不善于交往，对自己的社交地位缺乏正确评价(估计过高)，对没有朋友一起玩不太在乎。

要尽量帮助那些交友困难的幼儿，使他们逐渐被同伴接受。要使他们了解受欢迎儿童的性格特点及自身存在的问题，帮助他们学习与他人友好相处。总的说来，影响幼儿同伴交往的主要因素是幼儿性格的特点，如是否友好、帮助、分享、合作、谦让、性子急慢、脾气大小、活泼程度、爱说话程度、胆子大小等。同时，教师要引导其他幼儿发现这些幼儿的长处，及时鼓励和表扬，提高这些幼儿在同伴心目中的地位，通过有效的教育活动促进儿童的交往。

第三节　幼儿性别行为的发展

一、性别差异

性别差异主要表现在哪些方面？你能说出原因吗？

由于生理及社会因素的影响，男女之间确实存在某些性别差异。从目前的研究看，已经肯定存在的性别差异主要有以下几方面：

(一)身体、动作和感觉的发展

女孩出生时身体和神经方面较发达，较早学会行走和达到青春期。男孩出生时肌肉发展较成熟，肺和心脏较大，对痛的敏感性较低。随着年龄的增长，男孩在需要力量和大动作技能的活动中占据优势。男胎流产较多，男婴死亡率较高，对疾病、营养不良和许多遗传异常较为敏感。

(二)认知的发展

婴儿期女孩在言语能力上占优势，这种优势在中学阶段显著增长。这包括词汇、阅读理解和言语创造性。从10岁左右开始，男孩在视觉空间能力上领先，表现在两维或三维物体操作、读图和确定目标物等活动中。

(三)社会性和情绪的发展

男孩更多地成为攻击者和被攻击者，特别是身体上的攻击，即使在早期社会性游戏中也是这样。2岁时女孩对于父母和其他成人的要求有更多的遵从，但男孩对成人指导的反应更为多样化。

(四)特殊发展

男孩容易出现学习问题、阅读困难、言语缺陷和情绪问题。

性别差异的形成，有男女两性生理方面的原因，也有后天学习的结果，生理发育对男女动作、学习能力方面的影响较大，而社会因素对儿童的社会性和情绪方面的影响较大。一个人从一出生就开始不断地受到成人及同伴的影响，通过观察模仿学习和外界对其行为的奖罚，逐步建立起性别概念，把自己所理解的性别角色系统内化到自己的行为中，并逐步成为一种稳定的行为特征。

二、性别角色与性别行为

应该如何看待儿童的性别行为？

性别角色属于一种社会规范，是对男性和女性行为的社会期望。男女两性是由遗传造成的，男女在家庭生活和社会生活中扮演什么角色，则是从儿童时期起接受成人影响、教育的结果。男女儿童通过对同性别长者的模仿，而形成的自己这一性别所特有的行为模式，即性别行为。

帮助儿童形成性别角色，发展性别行为是成人的任务。一般来说，正确确认性别角色和相应的性别行为是儿童健康发展的一个重要方面。但近年的研究表明，高水平的智力成就是同糅合两性品质的男女同一化相联系的。所谓男女同一化就是指一个人身上同时具有男性和女性的特点。过分划分两性不同的作用会妨碍男女儿童的智力和心理发展。适当淡化幼儿的性别角色和性别行为，对形成男女同一化性格是有利的。有人曾对幼儿期淡化性别角色的教育方式进行过这样的描述：给幼儿上课的既有男老师也有女老师；积木区的玩具不但有汽车、动物等，也有洋娃娃及家庭用具；鼓励男女儿童都使用家务区和化妆区；鼓励男女儿童都使用登高设备；允许所有儿童在外表上表露自己的情绪；教师一视同仁地处理吵架、发脾气或哭喊的儿童，而不考虑性别；教师尊重和鼓励独立自信的行为。

三、幼儿性别行为的发展

游戏中幼儿的性别行为主要表现在哪两个方面？

幼儿期已经表现出一些性别差异，这种差异明显体现在幼儿的游戏活动中。

评价幼儿行为“性别相符性”的最常见方法就是观察儿童游戏中的玩伴与游戏的内容。儿童对玩具的偏爱在很早的年龄就有了性别差异。据研究，14～22个月的儿童中，通常男孩在所有玩具中更喜欢卡车和小汽车，而女孩则更喜欢洋娃娃或柔软的玩具。玩具的种类也规定了男女幼儿的游戏内容，男孩更喜欢参与运动性、竞赛性游戏，女孩则更喜欢过家家的角色游戏。

儿童对同性别玩伴的偏好也出现得很早。在托幼机构中，2岁的女孩表现出更喜欢与其他女孩玩，而不喜欢跟吵吵闹闹的男孩玩。到了3岁，男孩就明显地选择男孩而不选择女孩作为伙伴。

幼儿期已经开始有了个性方面比较明显的性别差异，这种差异不断发展中。研究显示，4岁女孩在独立能力、自控能力、关心人与物三个方面优于同龄男孩；6岁男孩的好奇心和情绪稳定性优于女孩，而6岁女孩对人与物的关心仍优于男孩，在6岁儿童的观察力方面，男孩优于女孩。

第四节　亲社会行为的发展

亲社会行为是指个体帮助或打算帮助其他个体或群体的行为及倾向，具体包括分享、合作、谦让、援助等。亲社会行为的发展是幼儿道德发展的核心问题。

一、儿童亲社会行为的形成

你理解儿童的亲社会行为是如何形成的吗？

亲社会行为的形成是以道德认识和道德情感体验的发展为前提的。移情是幼儿道德认识发展的主要方面，由此产生的同情心是幼儿道德情感发展的具体体现。儿童的亲社会行为的发展是儿童的道德认识、道德情感和道德行为的有机结合。

移情指从他人角度来考虑问题。移情是儿童亲社会行为产生的前提，也可以作为产生亲社会行为的主要动机。移情的作用主要表现在两个方面：一是移情可以使幼儿摆脱自我中心，产生利他思想，从而导致亲社会行为；二是移情引起儿童的情感共鸣，产生同情心和羞愧感，幼儿从自身愿望出发，产生降低他人痛苦的动机，增加亲社会行为，降低攻击性行为。幼儿亲社会行为的形成是在从别人的角度考虑(移情)的基础上，产生情感反应(同情)，进而产生安慰、援助等行为。

二、幼儿亲社会行为发展的特点

亲社会行为发生在什么年龄？幼儿分享行为的发展有什么特点？

(一)亲社会行为的发生

亲社会行为在儿童出生后的第一年就可以看到，如对他人的困境表示或做出哭泣反应。关于早期分享的研究发现，将玩具出示或递给不同的成人

(母亲、父亲或陌生人)在1岁半的儿童中是很常见的行为。并且，这种分享活动不要求鼓励、引导和奖赏。1岁半左右的孩子不仅主动接近有困难的人，而且提供特定的帮助。他们可能向一位打坏了玩具的儿童提供另一种玩具，或为弄破了手指的母亲拿来绷带。

(二)分享行为的发展

分享行为是幼儿期亲社会行为发展的主要方面。从目前的研究看，幼儿分享行为的发展具有如下特点：

(1)幼儿的均分观念占主导地位，其中，4～5岁时分享观念增强，表现为从不会均分到会均分。5～6岁时分享水平提高，表现为慷慨行为的增多。

(2)幼儿的分享水平受分享物品数量的影响。当分享物品与分享人数相等时，几乎所有儿童都做出均分反应。当分享物品只一件时，表现出慷慨的反应最高，随分享物数量的递增而渐次下降，满足自我的反应渐次增高，这说明幼儿利他观念不稳定。

(3)当物品在人手一份之外有多余时，幼儿倾向于将多余的那份分给需要的幼儿，非需要的幼儿则不被重视。

(4)分享对象不同时，幼儿的分享反应也不同。当分享对象是家长且物品少的时候，幼儿慷慨反应较多，但当物品多余时，则慷慨反应下降。

(5)幼儿更注重于食物，对待这些东西，幼儿的均分反应高，而慷慨反应少，对玩具，幼儿慷慨反应稍多。

关于儿童合作行为的发展特点可以从幼儿同伴交往的发展中看出。

(三)亲社会行为的个别差异

有人观察3～7岁儿童对同伴困境的反应，如一个儿童大哭引起他附近儿童的反应。结果发现，毫无反应的儿童极少，只占7%；目睹事件的儿童有一半呈现面部表情；有17%的儿童直接去安慰大哭者；其他同情行为包括10%的儿童去寻找成人帮助；5%的儿童去威胁肇事者；但有12%的儿童回避；2%的儿童表现了明显的非同情性反应，表明幼儿的亲社会行为存在个别差异。这些结果说明亲社会行为的发展需要适当的引导和教育。

(四)亲社会行为中的基本行为规范

3岁左右的儿童已经在提醒下能遵守游戏和公共场所的规则；知道不经允许不能拿别人的东西，借别人的东西要归还；以及在成人提醒下，爱护玩具和其他物品。

4～5岁左右的儿童能够感受到规则的意义，并能基本遵守规则；他们不私自拿不属于自己的东西，也知道说谎是不对的；知道接受了的任务要努力完成；在成人的提醒下，他们还能节约粮食和水电等。

5～6 岁的儿童理解规则的意义，能与同伴协商制定游戏和活动规则；不仅知道爱惜物品，而且用别人的东西时也知道爱惜；知道做了错事要敢于承认，不能说谎；如果接受了任务，他们已经能够认真负责地完成自己所接受的任务；5～6 岁的儿童已经能够自觉地爱护身边的环境，注意节约资源。

成人要根据不同的年龄发展水平，培养幼儿遵守社会中基本的行为规范，促进其亲社会行为的发展。

首先，成人要遵守社会行为规则，为幼儿树立良好的榜样。如答应幼儿的事一定要做到，尊老爱幼，爱护公共环境，节约水电等。

其次，结合社会生活实际，帮助幼儿了解基本行为规则或其他游戏规则，体会规则的重要性，学习自觉遵守规则。如经常和幼儿玩带有规则的游戏，遵守共同约定的游戏规则；利用实际生活情境和图书故事，向幼儿介绍一些必要的社会行为规则，以及为什么要遵守这些规则；在幼儿园的区域活动中创设情境，让幼儿体会没有规则的不方便，鼓励他们讨论制定规则并自觉遵守；对幼儿表现出遵守规则的行为要及时肯定，对违规行为给予纠正。如幼儿主动为老人让座时要表扬；幼儿损害别人的物品或公共物品时要及时制止并主动赔偿。

最后，教育幼儿要诚实守信。如对幼儿诚实守信的行为要及时肯定；允许幼儿犯错误，告诉他改了就好。不要打骂幼儿，以免他因害怕惩罚而说谎；年龄小的幼儿经常分不清想象和现实，成人不要误认为他是在说谎；发现幼儿说谎时，要反思是否是因自己对幼儿的要求过高过严造成的。如果是，要及时调整自己的行为，同时要严肃地告诉幼儿说谎是不对的；经常给幼儿分配一些力所能及的任务，要求他完成并及时给予表扬，培养他的责任感和认真负责的态度。

第五节　攻击性行为的发展

一、幼儿攻击性行为发展的特点

想一想，幼儿攻击性行为发展有什么特点？
影响幼儿攻击性行为有哪些因素？

攻击性行为是一种不受欢迎但却经常发生的行为。幼儿期攻击性行为存在如下特点：

(1)幼儿攻击性行为频繁，主要表现为为了玩具和其他物品而争吵、打架。行为更多是直接争夺或破坏玩具、物品。

(2)幼儿更多依靠身体的攻击，而不是言语的攻击。

(3)幼儿的攻击性行为存在明显的性别差异。男孩比女孩更多地怂恿和更多地卷入攻击性事件。男孩比女孩更容易在受到攻击以后发生报复行为，碰到对方是男性比对方是女性时更容易发生攻击性行为。

二、攻击性行为的影响因素

(一)父母的惩罚

研究发现，攻击型男孩的父母对他们惩罚的多，而且即使他们行为正确也施以经常的惩罚。惩罚对攻击型和非攻击型的儿童能产生不同的影响。惩罚对于非攻击型的儿童能抑制攻击性，但对于攻击型的儿童则不能抑制攻击性，反而会加重攻击性行为。

(二)榜样

电视上的攻击性形象能增加儿童的攻击行为。过多的电视暴力还能影响儿童的行为态度，使他们将暴力看作是一种解决人际冲突的可接受的和有效的途径。对 3～6 岁幼儿的实验研究表明，模仿是幼儿攻击性行为产生的一个主要原因。另外，父母打架对孩子也有影响。

(三)强化

在孩子出现攻击性行为时，父母不加制止或听之任之，就等于强化了孩子的侵犯行为。同伴之间也能学会攻击性行为，如果一个孩子成功地引用了攻击策略来控制同伴，可以增加他以后的攻击性行为。

(四)挫折

攻击性行为产生的直接原因主要是挫折。挫折是人在活动过程中遇到障碍或干扰自己实现目的和满足需要时的情绪状态。如孩子在犯错误时，成人对周围人说“不理他”、使孩子丢脸、戏弄他、经常对他大声嚷嚷等。一个受挫折的孩子很可能比一个心满意足的孩子更具攻击性。

第六节　独生子女社会性发展的问题

一、独生子女社会性发展中存在的问题

独生子女的社会性发展存在哪些问题？对独生子女的教育应注意些什么？

自2016年初，我国开始施行新的生育政策，未来越来越多的家庭将可能孕育两个甚至更多的孩子，但短期内独生子女家庭仍占较大比例。从目前的发展状况来看，我国独生子女存在的比较普遍的问题有以下几个方面：

(1)任性：孩子想做什么就做什么，想要什么家长就得给什么。如果要求得不到满足，就大哭大闹，直到达到目的为止，孩子是家里的“小霸王”。

(2)依赖性强：在家庭中，孩子完全依赖父母，独立性较差。主要表现为孩子的自理能力差，衣来伸手，饭来张口。

(3)坚持性差：做什么事时，坚持的时间很短，没有毅力，且注意力不集中。

(4)自私：孩子只考虑自己，不顾别人。有好吃的、好玩的只想一个人独占。

(5)不合群：不愿意，也不会和小伙伴友好相处，经常是一个人孤孤单单地玩，或看别的小朋友们玩。平时只和非常熟悉的几个孩子玩，交往范围小。

(6)胆小：离开家到外面时，不敢自己独立去做什么，表现出胆怯和退缩。

二、形成原因

形成独生子女社会性发展问题的主要原因，是家庭的教养态度和方式。独生子女家庭中典型的教养方式是溺爱和过分保护。

溺爱表现为对孩子的一些不合理要求无原则地满足；过分保护则表现为一切包办代替，束缚孩子的活动、交往的自由。通俗地讲，就是没有处理好自由和限制这一对矛盾，该给予自由的行为(孩子的游戏、自理行为、与同伴的交往)没有给予自由，而该给予限制的行为(孩子的任性行为)也没有给予限制。导致孩子不懂道理，缺乏是非观念，缺乏自信及独立性。

独生子女的教育必须注意以下问题：

(1)给孩子活动的充分自由，培养独立性。

(2)要让孩子知道行为的限度，不能无原则地满足不合理要求，培养孩子的规则意识。

(3)给孩子提供充分的同伴交往机会，使孩子逐渐学会与同伴友好相处。

幼儿园也要从上述三方面加强对独生子女的教育，家园配合，促进独生子女的健康发展。

内容小结

社会性是作为社会成员的个体，为适应社会生活所表现出的心理和行为特征。也就是人们为了适应社会生活所形成的符合社会传统习俗的行为方式，社会性发展(有时也称儿童的社会化)是指儿童从一个自然人，逐渐掌握社会的道德行为规范与社会行为技能，成长为一个社会人，逐渐步入社会的过程，它是在个体与社会群体、儿童集体以及同伴的相互作用、相互影响的过程中实现的。社会性发展是儿童健全发展的重要组成部分，儿童的社会性发展已经成为现代教育的最重要目标。幼儿期是儿童社会性发展的重要时期，幼儿社会性发展是儿童未来发展的重要基础。

儿童社会性发展的核心内容就是人际关系。幼儿的人际关系主要包括两方面，一是幼儿与成人的关系，主要指幼儿与父母的关系(亲子关系)；二是幼儿与同伴的关系。

幼儿的人际关系既是幼儿社会性发展的内容，也是幼儿心理健康发展的重要前提。幼儿同父母的关系主要表现在依恋和亲子关系两方面；幼儿同伴关系的发展主要体现在幼儿的游戏活动中，幼儿间存在着交友类型的差异，有些幼儿存在交友困难，应帮助那些交友困难的儿童与同伴友好交往。

幼儿期已经表现出性别差异，正确确认性别角色和相应的性别行为是儿童健康发展的一个重要方面。高水平的智力成就是同糅合两性品质的男女同一化相联系的。因此，幼儿教育中，应该淡化幼儿性别角色和性别行为。

亲社会行为的发展是幼儿道德发展的核心问题。儿童的亲社会行为的发展是儿童的道德认识、道德情感和道德行为的有机结合，是在移情的基础上，产生同情等情感，进而产生亲社会行为。幼儿亲社会行为的发展主要表现在分享行为、合作行为、谦让及援助行为的发展方面。幼儿亲社会行为的发展存在个别差异，这种差异的产生主要是家庭教育的结果。

攻击性行为是一种不受欢迎但却经常发生的行为，幼儿期是攻击性行为频繁发生的时期，幼儿的攻击性行为主要针对玩具或物品，幼儿的攻击性行为存在个别差异。

我国独生子女社会性发展中存在的主要问题有任性、依赖性强、坚持性差、自私、不合群及胆小。形成原因为家长的溺爱和过分保护。

思考与练习

1. 什么是社会性发展？结合实际谈谈社会性发展对幼儿的健康发展具有什么意义？

2. 幼儿社会性发展包括哪些内容？

3. 儿童依恋的发展分成几个阶段？依恋发展对幼儿健康发展有哪些作用？

4. 亲子关系有几种类型？不同类型对儿童个性的影响如何？

5. 游戏中幼儿的同伴交往是如何发展的？同伴交往对幼儿发展的作用有哪些？

6. 游戏中幼儿的性别行为有哪些表现？如何对待幼儿的性别行为？

7. 什么是亲社会行为？什么是攻击性行为？在幼儿期是如何发展的？

8. 结合实际谈谈我国独生子女社会性发展中存在的问题，如何进行教育？

9. 判断下列说法是否正确，并说明理由：

(1)幼儿期是儿童社会性发展的重要时期。

(2)幼儿社会性发展是孩子从一个自然人发展成为一个社会人的过程。

(3)良好的亲子关系是幼儿健康发展的重要前提。

(4)六七个月的孩子认生是孩子胆子比较小的表现。

(5)不同的亲子关系对幼儿的个性有不同影响。

(6)小孩应该多跟小伙伴玩。

(7)小女孩应该文静，不能淘气。

(8)亲社会行为是在移情的基础上产生同情心而唤起的行为。

(9)对待攻击性强的孩子的最好办法就是惩罚。

(10)独生子女是“问题儿童”。

第四编

幼儿在活动中的心理

第十二章
幼儿活动心理

本章主要内容

1. 幼儿在游戏中表现出哪些心理发展规律和特点？
2. 幼儿在绘画和泥工、折纸活动中表现出哪些心理发展规律和特点？
3. 幼儿在音乐活动中表现出哪些心理发展规律和特点？
4. 幼儿在数学活动中表现出哪些心理发展规律和特点？

我们在前面各章分析了幼儿心理各个方面的发展规律和特点。在实际生活中，幼儿心理的各个方面并不是孤立的。本章在前面各章学习的基础上，结合幼儿的具体活动加以综合以便幼师生掌握幼儿在活动中，特别是游戏、绘画、泥工、折纸，以及音乐活动和数学活动中所表现出的心理发展规律和特点。

第一节　幼儿游戏活动心理

一提起游戏，人们总是自然联想起自己的娱乐活动，把游戏与生产、劳动、学习相区别。但是，婴幼儿生活中的游戏并非如此简单。著名的美国教育家杜威认为，游戏是幼儿生活的一部分，在幼儿阶段，“生活即游戏，游戏即生活。”

游戏是幼儿认识世界的途径，是幼儿通过实际行动探索周围世界的一种积极活动。幼儿心理的发展，主要是在游戏活动中完成的。

一、幼儿游戏的发展

我们可以从心理发展的哪几个角度把幼儿游戏各分为哪些发展阶段？
游戏对幼儿心理发展的价值何在？

(一)从幼儿社会性行为的发展来看，可将幼儿游戏的发展分成四个阶段，即独自游戏、平行游戏、联合游戏和合作游戏

1. 独自游戏

独自游戏是指幼儿只会单独地玩，学步期或其前后的婴幼儿通常以这种方式进行游戏。这阶段的婴幼儿以自我为中心，不大察觉其他人的存在，即使有其他幼儿在附近，他们也都是独自地玩着自己的玩具，不理会他人在玩什么。

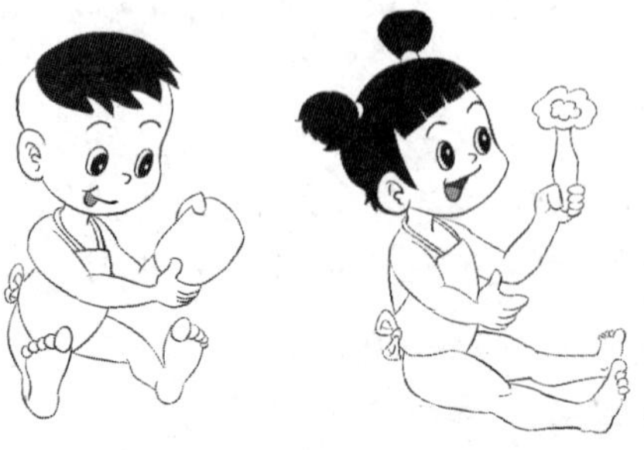

独自游戏

平行游戏

2. **平行游戏**

平行游戏指幼儿看似在一块儿玩，但仍是单独做游戏，各自玩着自己的玩具，彼此没有交流(包括口头语言的沟通和身体语言的交流)。他们会察觉到其他幼儿的存在，偶尔会望一下别的幼儿，但接着又会把注意力集中到自己的游戏中。这种游戏在2～3岁时常见，是孩子们初步学习社交的机会。

3. **联合游戏**

联合游戏是指幼儿和同伴一起玩游戏，谈论共同的活动，但是没有分工，也没有围绕具体目标的共同活动，各人根据自己的愿望进行游戏，这种游戏多见于3～4岁。

4. **合作游戏**

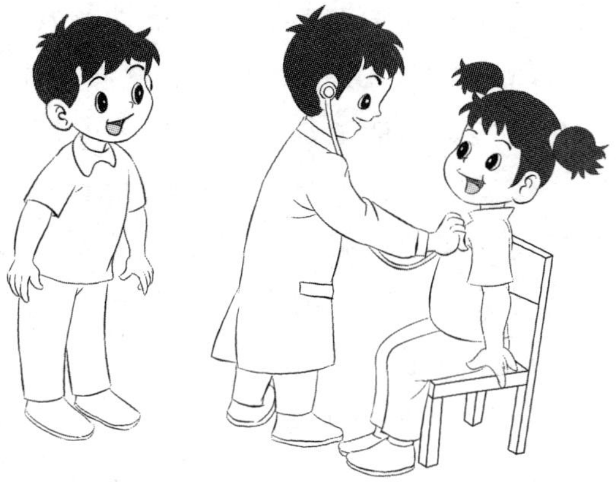
合作游戏

幼儿经过了联合游戏阶段，学习到一些与人沟通的社交技巧后，便进展到合作游戏阶段。儿童在游戏中有共同的目的，有达到目的的方法，活动有组织，有分工。这时，他们开始感到游戏中必须有某些规则，使所有参与者都能够遵守。5岁或5岁以上的幼儿已具有一定的语言表达能力和参与社交的经验，他们经过互相讨论，订出大家都乐于遵守的游戏规则，并在游戏中互相合作，努力达到游戏的目的。这阶段的幼儿能较长时间合作，游戏的内容比较多样化，游戏的主题也比较稳定。

无论是身体、智能还是社会行为等，每一个幼儿的发展速度都不相同，因此，幼儿由个人的独自游戏发展至集体的合作游戏所经过的时间也就长短不一。另外，后一阶段的游戏水平总包含着前一阶段的游戏水平，并在某个时候仍然表现出前一阶段的游戏水平，这是正常现象，如已经到达合作游戏阶段的幼儿，偶尔也会进行独自游戏。

(二)从幼儿认知能力的发展来看，可将幼儿游戏分为四种

1. **练习性游戏**

这种游戏又称为功能游戏、感觉运动游戏，开始于出生后的4～6个月，是延续至婴儿、托儿期最初的游戏形式。练习性游戏是指孩子为获得某种愉快体验而单纯重复某种活动或动作，其动力来源于孩子的感觉或运动器官在使用过程中所获得的快感，以抓、摸、拿等动作为主，对孩子来说这是感知动作的训练。如孩子反复地摇着哗啷棒，在屋子里来回地跑，将玩具汽车在地上反复地滚动以及随意地将胶泥捏成各种各样的形状，等等。

研究指出，练习性游戏在 1～2.5 岁时最为典型，约占其自由活动一半以上，随着年龄的增长，练习性游戏出现的频率随之降低，至 6～7 岁时只占全部游戏的 1/6。

2. **象征性游戏**

当孩子进入生命中的第二年，特别是一岁半左右，依靠象征来思维的能力开始展现，此时的孩子能够从事最初的想象游戏。象征性游戏在幼儿期达到明显的高峰，幼儿的象征游戏表现为运用“替代物”，以假想的情景和行动方式将现实生活和自己的愿望反映出来。象征性游戏中“替代物”的变化，体现了幼儿游戏中抽象性与概括性的发展，表现出以下一些特点：

(1)最初，幼儿使用与实物相似的替代物。此时的游戏主要依赖于与实物在外形、功能上都十分相似的专用替代物，如玩具娃娃、玩具汽车等。

(2)到中班时，幼儿开始使用与实物相似性较低的替代物。由于替代物与实物的相似性减少，通用性增大，因此常常可以一物多用，如用一根小棒分别代替筷子、注射器、体温计、梳子、铲子等。幼儿的年龄越大，替代物的通用性也越大。

(3)到了幼儿晚期，幼儿在游戏中开始表现出脱离实物，完全凭借想象以及语言或动作来替代物品。如用接电话的动作代替“电话”，用开车的动作代替“汽车”，用抬的动作代替“担架”，用“呜——呜——”的声音代替刮风，等等。

美国心理学家的一些研究表明，儿童独自的象征性游戏的发展趋势呈“∪”形曲线，即 5 岁时独自象征性游戏处于低谷，4 岁和 6 岁时独自象征性游戏在全部游戏中所占的比例明显高于 5 岁时；而儿童的集体象征性游戏的发展则呈“∩”形曲线，即 5 岁时集体象征性游戏达到高峰，在孩子的全部游戏中约占 71%，6 岁为次高峰，约占 65%，而 4 岁和 7 岁时均较低。

3. **建构性游戏**

当练习性游戏开始衰退、象征性游戏开始减少时，综合了操作性和象征性因素的建构性游戏逐渐成为主要的游戏形式。低年龄儿童的建构性游戏较多地反映具体的事物，如用积木搭建“房子”，用凳子拼成一辆“公共汽车”等；年长些的儿童则更多地反映比较抽象的概念，如建造“公园”“博物馆”“医院”等。

有研究显示，建构性游戏也是幼儿期最普遍的游戏形式，小班幼儿的建构性游戏约占其全部活动的 41%，而大班幼儿的建构性游戏则占 51%。

4. **规则游戏**

这种游戏是指具有明确规则且必须完全遵守的带有竞赛性质的活动。它开始于婴儿参与成人发起的嬉戏活动，以后在幼儿自发的社会性游戏中出现了规则游戏的雏形。幼儿期有一些通常由成人发起的简单的规则游戏，在这些游戏中，规则是由成人确定的，而不是由幼儿定出的，因此，由于幼儿常常不理解规则而破坏规则，如幼儿园经常开展的一些体育游戏、数学游戏、智力竞赛游戏等。

(三)从游戏行为的内在关系来看，幼儿游戏一般可划分为五个阶段

1. **未分化型**

这是一种最原始的游戏类型。1 岁左右，孩子几乎每隔 2～3 分钟就出现一种不同的动作，每个动作都没有什么规则，比如摆弄玩具，在椅子上跳来跳去等。1 岁以后，这种游戏就很少见了。

2. **累积型**

这是一种把片断性的游戏活动连接起来的游戏类型。如把看画册—在纸上乱涂乱画—摆弄积木—玩布娃娃等活动连接起来，每种活动约持续 10 分钟，1 小时内约能表现出 4～9 种游戏活动，但活动之间并没有内在的联系。这类游戏多见于 2～3 岁，稍大一些的幼儿中，可能还有更多数量。

3. **连续型**

这是一种对同一类型的游戏持续玩耍近 1 小时的游戏。具体而言，它是在一个游戏之后接续一种与前一个游戏内容无关的游戏，或是插入其他的游戏，即在一种游戏形式下进行着各种游戏活动，但还没有稳定的主题，也并不完整、统一。如孩子在“商店”的游戏中，本来是在买东西，可是却插入了摆弄物品、吃点心或是拿点心玩，等等，然后又回到买东西的游戏上来，而这些并不是孩子特意计划的。这类游戏一般在 2～4 岁时比较多见。

4. **分节型**

这是一种把完整的游戏分成两次或三次来进行的游戏。如画画和玩沙子，当玩腻了一种游戏活动时，就转向另一种活动。结果，本来一次完成的画可能要分两次或三次才能画完，本来是一个完整的玩沙游戏，却被分割成两节或是三节。类似这样的游戏，一般多见于 4～6 岁儿童中。

5. **统一型**

延长分节型游戏的时间(1 小时左右)，就是统一型游戏，与连续型游戏不同的是，整个游戏是在统一主题、目标下进行的，游戏内容彼此有联系，游戏方式也基本一致。这种游戏同分节型游戏一样，在年龄稍大的儿童中较为多见。

总之，儿童游戏的发展是一个经历了不同阶段的过程，游戏从一个阶段向另一个阶段演化时，先前的游戏形式不是被抛弃而是被包括了。前一阶段孕育、准备了后一阶段，而后一阶段中又有前一阶段的成分；儿童游戏的发展与儿童生理、心理的发展是同步的，两者相辅相成，互相促进。

二、游戏的性别差异

一般来说，在2岁以内，男孩和女孩在游戏上还没有表现出性别上的差别。但是一过3岁，到了4～5岁时，男孩和女孩在游戏方式上的差异就很大了。

在幼儿期，如果从玩具上来看，男孩一般偏好交通工具、积木、建构性玩具以及身着不同服装的人物，如军人、黑猫警长等，他们花在这些方面的时间一般比女孩为多。女孩则偏好于人物模型、家具、动物模型等，花在这些方面的时间也较男孩为多。

在游戏类型方面，男孩一般喜欢比较激烈的游戏，他们所从事的游戏大多是那些与他人进行身体接触或是使用身体的活动，语言交流较少，如运动性游戏、军事游戏、玩沙游戏、骑三轮车等。而女孩一般喜欢比较安静的游戏，倾向于用口语而非身体与别人进行接触，如模仿、绘画、手工、荡秋千、玩偶人等。在想象游戏方面，男孩一般喜欢扮演虚构的英雄人物，而女孩则较喜欢扮演家庭成员的角色。

三、游戏对幼儿心理发展的价值

游戏是幼儿期的主导活动。游戏不但给幼儿带来乐趣，而且也是培育幼儿走向健康人格发展的一种方法。游戏给幼儿多方面的体验，从而影响到他们心理的各个方面、各个层次的发展。

（一）适应幼儿心理发展的需要

随着幼儿动作、语言、思维等能力的发展，孩子对周围事物的兴趣逐渐发展起来，他们开始渴望参加成人的一些社会活动。但是，这时孩子的各方面能力还不足以开展这些活动，于是他们的这种心理需要与他们的实际能力之间就产生了矛盾。

游戏是解决这种矛盾的最好形式。这是因为，只有在游戏活动中，幼儿才可以用虚构的物品、动作、语言、情节等去替代实际的活动，这正是他们力所能及的。在游戏中，他们一般都能在假想的情境中很投入地从事自己所向往的各种活动，而且往往深信不疑。他们能用自己一系列独特的方式方法，比较容易克服真实活动中许多条件的限制，从而较好地解决实际能力与心理需求之间的矛盾。因此，从这个意义上说，游戏能很好地促进幼儿心理的发展。

(二)发展幼儿的智能

著名学者如杜威、皮亚杰等都提倡幼儿从游戏中学习。游戏时，幼儿会不断地移动、触摸、聆听、观察，这些感官刺激有助于培养幼儿的注意力、观察力和判断力。由于游戏往往重复地反映幼儿经历过的某一事件，因此它可以帮助幼儿加深对知识的理解，巩固记忆；又由于幼儿在游戏中必须自觉地、积极地、有目的地去记忆某些游戏规则或追忆事件的情节，所以游戏能帮助幼儿发展有意记忆。

游戏也能推动幼儿去思考和创作，例如在堆积木、绘画或做手工时，幼儿自然而然地会去思考、去想象，再根据已有的知识和经验，创造性地完成自己的想法。比如在角色游戏中，幼儿可以把自己想象成另外一个人，并不断变换身份；或把某一物体想象成另一物体，且一物可以有多种用途，等等。同时，游戏的情节、行动方式等都没有什么固定的模式。这种游戏的假想性为幼儿的想象提供了广阔的天地，使他们的创造力得到极大地发展。有研究指出，多象征性游戏可以大大提高幼儿发散性思维测验的成绩。

由于大多数情况下幼儿并不是独自一人玩，而是在合作和交往中获得快感，因此，游戏中的幼儿都要用语言来交流思想，商讨玩法，有时甚至还专门练习着文艺作品中优美、生动、规范的语言(如在表演游戏中)，所以，大多数游戏对提高幼儿语言能力和社交能力非常有效。

在游戏中，幼儿也会不断地探索。如果你给他一件新玩具，他可能会作多方面的尝试，尽量找出玩具的不同玩法。这些经验都有助于他认识环境，解决问题。此外，游戏还可以使幼儿在无形中学到很多概念，如幼儿爬攀登架时，他会体会到空间感，玩水时他会感觉到干和湿的对比，玩积木时他会认识到大小和形状等，这些都有助于智能的发展。

(三)平衡幼儿的情绪

游戏使幼儿得到情绪平衡的机会。在日常生活中，幼儿可能遇到不高兴或不顺利的事情，或者感到受束缚，不能自由表达个人的意愿。但在游戏中，幼儿表达个人的内心情绪是社会所能接受的。他们在游戏中可以释放剩余的精力，无拘无束地玩，尽情地表达个人的感受和情绪，从而忘掉烦恼，心情舒畅。这有助于幼儿形成健康的性格。

在游戏中，幼儿享有充分的自由，没有任何来自外界的压力和强迫，游戏中的玩具、语言、动作、情节等，也都是幼儿自由选择的、印象最深刻的、最感兴趣的，在这种轻松、愉快的气氛中，幼儿的情绪、情感得以自由地抒发，这样积极的情绪、情感得到了巩固、深化，消极的情绪、情感也能及时得到疏导而不致郁结在体内。因此，从这个意义上说，游戏能保障幼儿的心理卫生和健康。

另一方面，游戏也能发展幼儿的美感。这主要体现在幼儿要在游戏中比较好地反映自然和社会生活中的美好事物，就必须依赖于文学、音乐、美术等手段，如装饰环境、制作道具、设计服装、琢磨对话、表演歌舞节目、化妆等，这些活动都有助于幼儿美感的发展。

(四)发展幼儿的社会性行为

社会性行为包括自我认识、认识别人、与人建立关系等。幼儿通过游戏接触到其他不同年龄、不同性格的幼儿，从别人的行为和说话中可以增强自我了解。此外，幼儿一起进行游戏时，有时需要协调、合作，有时需要排队轮候使用玩具或设备，这样又可使他们学习到顾及他人的权利，学会如何分工和适应群体生活。游戏中，幼儿还可以体验到分享、公正、自律、诚实等道德行为和态度，从小培养起良好的公民意识和道德观念。

第二节　幼儿美术活动心理

幼儿的美术活动包括绘画、黏土造型(泥工)和纸工造型(折纸和剪纸)。

美术是视觉艺术，它具有具体形象的特点，同时又需充分利用双手和脑的协同活动。只有美术，才有那么多的机会让孩子充分地动手动脑，才有那么多有趣、新奇的刺激，激发着孩子的好奇心和创造性。

美术活动可帮助幼儿表达感受，及时宣泄被压抑的情绪；由于所有的美术活动都没有固定的标准，只要教师处理得当，幼儿就会感到自己努力的成果被老师和同伴接纳和欣赏，他们就会充满信心，并在美术活动中充分发挥想象力和创造力，同时培养起对美的感受能力。

因此，正确理解幼儿在美术活动中的心理、能力和特征，进一步充分认识美术活动在幼儿生活中所具有的意义，并依此来大力培养幼儿的美术能力，这对于幼儿教师和孩子的父母来说，是极其重要的。

一、幼儿绘画能力的发展

学前儿童绘画发展可分为哪几个阶段？各阶段的绘画心理有哪些特点？
幼儿在黏土造型和纸工造型活动中表现出哪些心理发展特点？

儿童绘画的发展是一个连续的过程，发展阶段不可能严格地划分出明确的界限。但在迅速变化的时期，儿童绘画中总会出现较为明显的差异特征，因而可以相对地划分出一定的阶段。每一阶段均以不同的速度从前一阶段中产生出来，又预示着下一阶段的发展方向。

1. **涂鸦期(1 岁半～4 岁)**

只要给 1 岁以后的孩子一支蜡笔，他就会笨拙地向纸上触画，只是一些乱涂的很粗拙的线条，表明儿童这时还不能控制自己的动作。孩子此时只是对运动感觉的兴奋和视觉上的兴奋。涂鸦分三种水平：

第一种是无意识涂鸦。1 岁半左右，当孩子一接触笔和纸，他就会在纸上画断断续续、弯弯曲曲的不规则线条，这是一些未分化的、毫无秩序的东西，是一种不受或少受视觉控制的纯肌肉运动。

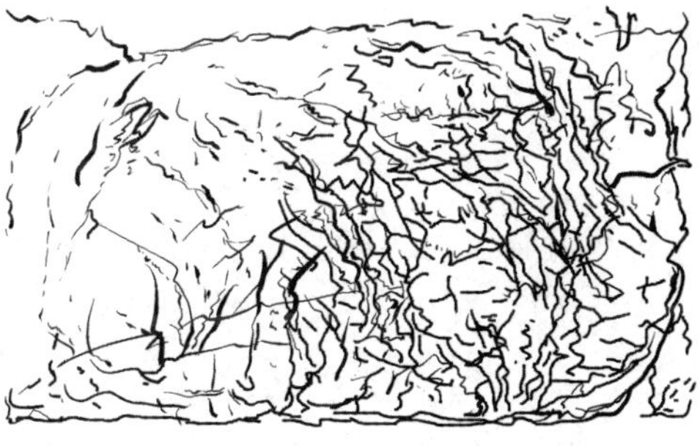

无意识涂鸦

有控制的涂鸦

第二种是有控制的涂鸦。2 岁左右，当孩子经过练习掌握了使用纸、笔的经验后，他就开始逐步学习控制手的动作，并注意手、眼之间的联系，以致能在纸上画出上、下、左、右有一定规则的线条，并会在纸上重复地画圆圈，且能交替使用两种不同颜色的笔。这种控制动作的经验，显示出向更复杂动作的意志行动发展的倾向。

第三种是命名涂鸦。2 岁以后，在孩子的涂鸦中开始出现简单的命题。这时，孩子虽不能画出简单真实的形象，但已具有明显的表达意图，并常用圆形物代表所要表达的物体。孩子一面画着，一面喃喃自语。虽然画得不像，却说："这是小朋友"，"这是小汽车"，"这是妈妈"等。这是孩子对自己涂画的注释，他很欣赏自己的动作，并把自己的动作和自己想象的经验结合起来。由此可以看出，儿童以动作为中介的直观行动思维，开始向以涂画为中介的表象思维发展，至4岁达到新的水平。

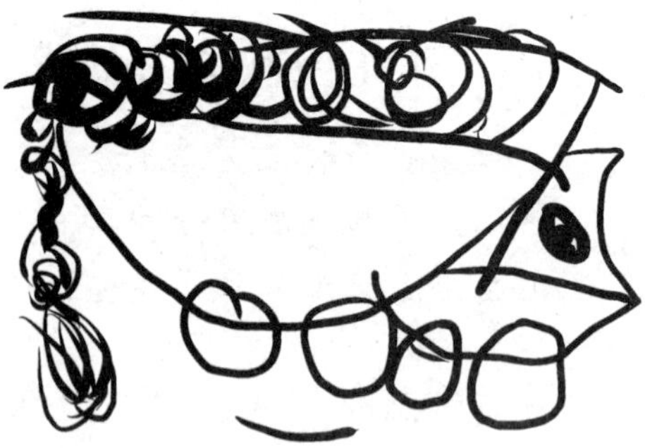

命名涂鸦

在分析儿童涂鸦作品的基础上，我们可以概括出涂鸦期儿童绘画心理的一些基本特征：

(1)涂鸦期儿童的绘画是伴随语言来完成的。这种现象是两种信号系统相互作用的结果，它表示幼儿的想象和情感最初是靠言语的帮助，以造型的形式表现的。

(2)涂鸦期儿童的绘画带有纯粹游戏的性质。他们只是在随便的乱涂乱画中寻找快乐，而不在乎画出的是什么。

(3)涂鸦也是幼儿把脑、眼、手动作密切结合住一起的一种活动。孩子们从涂抹中获得动作的快感和满足，又因纸上出现的有色线条的刺激而欣喜和惊奇，在愉快情绪的作用下，幼儿经过反复练习，手、眼更好地协调，渐渐能控制画在纸上的图形，画出一些有形状的东西。由此产生了兴趣，反过来又成为练习和涂鸦发展的动力。

(4)涂鸦期的孩子不单单用手画画，而是用胳膊和整个身体来画画的。为此，提供给孩子的画纸需要大一些，并要考虑为孩子选择与画面的大小相称的绘画工具。一般在较大的纸上用铅笔不好画画，满足不了孩子想把整个纸面都画满的欲望，且铅笔在纸上的摩擦力大，阻碍孩子流畅地画画，所以铅笔不合适。在棒状画具中，很硬的蜡笔也不理想。虽然同是棒状，油画棒或蜡粉笔等较软的笔就好用。就粗细而言，以较粗的笔为宜。如用细的，孩子会时刻担心笔折断，因而影响绘画的情绪。水彩或水粉画具，能较容易地涂抹出大片的色彩，画起来又很顺手，所以也很适合这个时期的孩子进行描画。

(5)涂鸦期孩子的绘画基本上是没有空间概念的。最原始的空间表达是不断涂抹出未封闭的或封闭的图形，其形状由不规则的曲线逐渐向较规则的几何图形发展。就色彩而言，仍属于无意识的选择。涂鸦后期，对刺激度较强的颜色比较偏好，但还谈不上与主观的情绪表达以及绘画物体的需要联系起来。而孩子的兴趣、情绪和梦想，多半是从各具形状的线条中表露出来。

2. 象征期(约4～5岁)

这一时期的幼儿，有了初步的语言能力，有表达自己意识并企图和成人

象征性绘画

或同伴交流思想的意图。随着孩子接触周围事物的增多，观察、联想、想象能力在迅速增长。但他们的语言能力还远不能表述其思想和感情，于是，幼儿便求助于象征性的图画语言。象征性绘画就是幼儿凭借主观的直觉印象，描绘出物体的粗略形象(多半是不完全的、遗漏的)，用以象征物体的外形轮廓。这种象征所表现的，仅是幼儿瞬间不明确的感情和意图，但它基本上能达到与成人和同伴交流思想的目的。这一阶段大致与幼儿的象征性游戏同期。从思维的发展来看，这一阶段应是幼儿具体形象思维初期的水平。

这一时期幼儿的绘画能力发展很快，从用符号式的“蝌蚪人”到具有情节与物体的部分细节特征的画面，变化惊人。孩子经常边画边为自己的画命名，借以表达自己的意思。他们初画人物时多把手臂画得平伸，与身体呈垂直。他们对物体的大小比例、远近空间还不具备感知能力，也无意追求。他们只关心如何用直觉创造的符号，象征性地表现自己的所知、所想，并往往夸大他认为最重要的部分，而省略大部分细节。

事实上，象征性绘画本身仍未脱离涂鸦期的形式，可以说这个时期是幼儿从涂鸦到形式概念画的过渡阶段。

3. **概念画期(约 5～7 岁)**

象征期末，幼儿便开始了有意识的造型活动。随着幼儿视敏度、精确度的提高，生活范围不断扩大，身体与思维能力迅速发展，幼儿逐渐有了如实反映即写实的追求，但不具备写实的相应技巧。于是，幼儿开始不断探索属于自己的绘画语言，即一种相对抽象的形态符号。在绘画中，幼儿使用的形态符号不断变化，有时用很多的形态符号表现同一事物，有时又用同一形态符号表现许多不同的物体。在对形态符号的积极探索中，幼儿逐渐建立了自己的独特造型，即他们自己的概念或者图式。在这里，“概念”或“图式”只是幼儿对具体图画的理解，不是物体的概念本身，它既具有典型的年龄特征，也具有明显的个别差异。

这时期，幼儿画出来的人、房屋、动物、太阳常常是一种模式里套出来的。人的轮廓、模样大致相似，这种概念化的绘画需要幼儿把握物体的本质和基本特征，而这时期正是幼儿抽象化能力发展的重要阶段。但此时幼儿对大小关系还不太关心，对空间关系还不很理解，综合能力、注意力等发展得还不够，常常表现出以自我为中心和泛灵论的倾向，现实和非现实交织在一起。和这些因素相关联，在幼儿概念化的绘画中我们可以见到幼儿在认识水平和表现手法上的一些基本特征。

（1）观察：采用强调式的表现手法。

这时期，幼儿观察的着眼点在有诱惑力、趣味感和功能显著的部位或个体，对整体和全局往往无心注视或顾及不到。所以在画中，幼儿总喜欢以强调式的方法，描画其内心的感受，这就是强调性的表现。如幼儿画“大象”时，最感兴趣的是“大象”的鼻子，往往把它画得又长又大，还卷着大圈圈。为了表现咪咪叫的小猫，就特别夸张它张开的大口和翘起的胡须。

大象

透明式画法

（2）形态：采用透明式和展开式的表现手法。

幼儿在观察上虽然很片面，但在物体的形象表现上却力求完整，即使被遮挡得无法看到的部分，他也知道那些东西的存在，就要把它画出来。物体之间相互关联的部分，即使是非常不起眼的内在联系，孩子也会描绘出来，甚至将其夸大。这种画法，称为透明式的表现法。如幼儿画房子时，总要把房子内陈设的立柜、桌椅、电视机和主人等一一地画出来。由此我们看到，孩子的确是画他所知道的，而不是画他所看到的。

在表现形态上，幼儿的另一种表现手法是展开式画法。比如画桌子，不管孩子看得到还是看不到，幼儿总要把四条腿都画出来。又比如画公共汽车，幼儿会同时把公共汽车的侧面、正面和后面都画出来，并把马路两旁的树画得倒在马路的两边。这种画法在概念画期十分典型。

（3）色彩：从完全主观地使用色彩到根据需要使用色彩。

若此时的幼儿用颜色作画，总爱涂得浓重显眼，并力求表现自己心目中对物体固有色彩认识的先入概念，如绿叶、红花、黑发、红唇等，用色逐渐与实物相似，这是幼儿生活经验不断丰富所致。在画中，他们对明快艳丽、对比强烈的色彩极感兴趣，往往大片大片地涂，但对淡雅、调和的色彩却表现得比较淡漠。另外，幼儿也常常夸张地使用色彩，如把他画的“父亲”的整个脸涂成大红色，并解释说爸爸发脾气时就是这个样。

这时，幼儿对色彩的冷暖、轻重以及对比搭配均具有较强的识别力和美感，他们开始由暖色偏好向冷色偏好过渡，从喜欢强烈刺激的色相对比逐渐向对比调和的色彩组合发展。同时，这时的幼儿也开始有一些色彩的情感体验，但并不十分强烈、丰富。对色彩象征效果的感受，此时还难以达到，大多数幼儿仍局限在视觉带来的快乐水平上，而较少赋予色彩以情感和概念性含义。

(4)比例：从不协调到初步协调。

虽然幼儿对物体的大小、长短、宽窄等有了一定的认识，但对物体间的差距关系，还不会用比较的方法进行分析判断。幼儿所描绘的物象大都整体与局部、局部与局部之间的关系极不协调，甚至主次颠倒，本末倒置。即使给予提示或指明，他们也难以认识和接受。但对这类作品要作具体分析，要把强调内心的感受又能很好地体现主题的作品，和那些不能把握整体、主次颠倒的作品区别开来。比如幼儿有时特别夸张地画长颈鹿的脖子，虽然比例不正确，但这样画有助于加强孩子主观感受的表达，有助于主题的展现，恰是幼儿画最可贵的地方。

长颈鹿

(5)空间：从基底线到三维概念的表达。

在幼儿绘画发展中，空间概念是最重要的因素。在成人看来，一些比较复杂的空间关系难以表现，孩子们却有一套特殊的表现办法。

为了有意识地表现自己和环境的关系，幼儿在动手画画前，总是一开始就画出一条基底线(这往往被幼儿看成是道路、土地等)，然后将描画的物象并列画在这一条线上。洛温菲尔德指出，幼儿采用基底线最初并不是由视觉经验开始，而是起源于沿着线条移动的运动感觉。有关幼儿绘画心理的研究表明，基底线的发展存在四种不同的水平。

第一种水平是单一的基底线阶段。幼儿只会使用一条总的基底线，画中各种各样的物象均排列在这条基底线上。这时，幼儿对空间的认识仍停留在上下和左右两个维度上，这种空间概念与画纸的平面性质是一致的。也就是说，幼儿对绘画空间的表达，受画纸的平面性质的影响很大。因此，这时的孩子对物体的“深度”，即“第三维”的表达依然存在较大的困难。

第二种水平是边缘基底线阶段。幼儿将画纸的底边视为心目中的基底线，并以此在画纸上区别出“地”和“天”，这说明幼儿对绘画空间的认识开始分化，不依赖于直接的基底线来作为物象存在的“支撑”，在探索以画纸的

单一的基底线阶段

“二维窄间”表现具体物象的“三维空间”方面获得了许多有益的经验。

第三种水平是多基底线阶段。这是幼儿表现多层次空间，特别是表现远近层次关系的有效手段。这时，幼儿在整个画面上所画的几乎每一物象下面，都画上一条较短的基底线，用以说明各物象间的关系。这说明幼儿仍然没有解决好视觉上的三维效果与画纸二维平面性质间的矛盾，也就是说，此时的孩子是较少有透视概念的。

边缘基底线阶段

多基底线阶段

第四种水平是模糊的基底线阶段。在多基底线后期，幼儿如用水粉或水彩作画，一开始也仍然使用基底线，但后来，这条线越画越宽，以至于变成了画面的背景，因此，画中的物象已不在基底线上，而是在基底线之中，这说明幼儿视觉上的三维印象与画纸的二维平面性质逐渐接近，绘画中的空间概念日渐完善，并最终达到运用透视概念来表达三维空间的目的。

模糊的基底线阶段

尽管幼儿运用基底线能够处理一般的空间关系，但对于相对复杂的空间，孩子“得心应手”的方法就是采用目录式表现法。他们将画纸当作地面一样看待，将要描绘的事物，按照自己的设想一件一件、一层一层往纸上画，侧视的、平视的、俯视的混杂罗列在一起，尽量避免相互遮挡和重叠，就像成人列目录式的，所以称为目录式表现法。这也是幼儿画所知的、求全的心理特征之一。

(6)线条：从纯粹的线迹到空间的表达。

线条是儿童认识绘画的第一个信号，也是他们用于描绘的主要手段。由于幼儿手的机能尚在发育成长过程中，运笔、运力的技能难以掌握，故所描绘的线条往往笨拙、凝重、呆滞。绘画中，幼儿还不能运用轻快的线条表现物象，更难接受用直线概括物体基本轮廓的方法。他们习惯于一次性直接勾描完成，用笔的方法也很混乱，顺笔、逆笔随心所欲，任意驱使。随着年龄的增长，对物象的直线、圆弧和圆形等，力求画得像样，但力不从心。

线条的发展是由幼儿空间概念的发展水平所决定的。

从幼儿绘画来看，线条是由运动行为通过一定的媒介物产生出来的，这种轨迹实际上是幼儿对自己所知觉到的形状的最直接和最具体的再现。早期的儿童画都是用线条表现出现实事物的结构轮廓。由于这时的线条只是纯粹的“线迹”，还谈不上空间概念的表达，因此这时的画面往往比较单调、混乱。当一条线段或几条线段结合起来包围某一区域的时候，它的性质就发生了根本改变，即成为一个二度平面的边界线。以后，幼儿就用它来表现二度空间最简单的式样。由于视觉对圆形的优先把握，所以圆形是幼儿最初学会的视觉式样，也是幼儿在以后的绘画中使用得最多的基本结构。

随着知觉的分化，幼儿对物体特征和结构的理解进一步得到加强，幼儿开始用几个封闭的几何形式组成物象的基本结构框架。因此，当三维空间的表达技巧开始形成的时候，线条对于幼儿的意义，已不再是纯粹的“线迹”，而是要受到诸多因素影响的空间的一部分，因而线条的力度、流畅度、轻重缓急以及线条的情绪特性和象征意义，便随着空间概念的发展逐步发展起来。

(7)构图：从主观表达到审美需要。

概念画期的幼儿往往将注意力集中于画些什么，画多少等，对如何安排画面才能突出主体和主题等，是考虑得很少的。他们惯于从局部画起，然后扩展到整张纸，其效果往往是展开式的表现、并列式的表现或目录式的表现。如果说他们对全局有所考虑的话，那就是基底线的表现。因此，一般来说幼儿画面上的物象往往偏于一角或一边，或上或下，或左或右。虽然有时也会出现较丰满、平衡和主体突出的画面，但不多见。

(8)心境：心随画转，形露于色。

心随画转

幼儿作画，通常是在愉快喜悦和专注的情绪中进行的，往往心随画转，形露于色，有时还自言自语，甚至画其形时还要仿其声，如画火车、汽车时，嘴里还要作呜呜、嘀嘀的声响。当他们画小鸟、小兔时，甚至会向老师、父母提出要一只活的小鸟、小兔，这是幼儿“求全”心理的又一表现。所以说，儿童画像一面镜子，孩子的坦率、天真、纯洁和可爱都可以从这面镜子中反映出来。

4. **写实倾向期**

经过概念画期，儿童画就走向写实的阶段。约从7岁开始，在儿童的绘画中就有了写实倾向的萌芽，有的幼儿经过教育，写实的倾向可能提早到6岁左右。这时，儿童力求尽量客观地把握各种现象和事物，把见到的现象、客观形态如实表现出来。他们开始抛却概念画阶段常用的几何线条，在人物方面为了强调男、女不同而在衣着上突出其特征。

写实倾向阶段

在空间关系方面，儿童开始对那种“透明画”的表现方式表示不满，也注意到那种“基底线”的处理方法不合自然。由于深度视知觉的发展，他们开始探索着用简单的透视原理，隐去那些不该看见的部分，并注意到物象的重叠关系。同时，他们注意到物象的各个细微部分，并能敏锐地选择要点加以描画。总之，随着“写实倾向”的发展，儿童完全摒弃了一般的概念化表现，倾向于用匠心的态度去面对主题，对物象的特征也逐渐能做出理性的概括，同时，审美意识日益加强，对物象的形态、色彩、构图等开始脱离概念化的形式，逐渐形成自己的“风格”。

二、黏土造型(泥工活动)的发展

黏土，泛指那些能让孩子较方便地、容易地通过捏、压、搓、揉等方法直接进行造型活动的、具有一定粘性的材料，如瓷泥、黄泥、胶泥、面团等。

黏土本身是有形物质，它总是以某种形态出现的。黏土造型和绘画不同，它使儿童有充分运用手指和筋肉的机会。直接用自己的手摆弄材料，做出立体的东西，这一经验对儿童空间概念的发展非常重要，因此，对幼儿进行良好的黏土造型训练，能够促进幼儿绘画能力的发展。

幼儿黏土造型的发展过程，大致和幼儿绘画的发展阶段一样。

1. **无秩序阶段(约 1.5 岁～4 岁)**

给孩子一团黏土，他一定会反复捏弄，但这时仅仅是乱捏，还不能根据特定的意图来造型，大概与无目的涂鸦绘画水平相当。

孩子到了摸熟材料，感到需要控制自己的活动时，就常常胡乱地捏成小块或捏成几个同样的东西。有时也做成圈形或球形。这时虽然还没有什么目的和意义，但孩子已开始有意识地捏出某一形状，这可以和绘画的涂鸦期中控制动作的阶段相比拟。

随后，孩子就对自己捏弄出来的东西说，“这是球儿”，“这是土豆”，“这是喵呜喵呜的小猫”，等等，这和儿童对涂鸦注释的思维过程完全相同，明确显示了和黏土符号物有关的想象活动，这可以与命名涂鸦阶段并行。

2. **图式造型阶段**

有关研究表明，4 岁左右的幼儿就有了有意图造型的倾向，在这一点上，黏土造型比绘画来得较早。

这一时期的表现方式有二：一是从整体中捏出各个部分，二是把各个部分结合为整体。由整体中捏出各个部分，需要幼儿对整体事先做认真的分析。但此时幼儿的思维还没有达到有意识的水平，各个部分只是符号形态，和整体分离就失去意义，因此，这意味着幼儿的形态概念还比较模糊。比如幼儿用胶泥捏一个小人，尽管幼儿想办法捏出了“手”和“脚”，但“手”和“脚”仍然是十分粗略的符号形态，一旦与躯体分离，“手”“脚”就失去了其原有意义。这也说明了幼儿黏土造型图式的非确定性。

将各个部分结合为整体，说明幼儿对造型物的部分和整体的理解日益清晰，对其形态和功能的把握日渐增强。在这一阶段，幼儿必须对造型物的比例、结构、形态、质地、空间布局以及色彩，甚至情绪等进行认真细致的观察、分析和综合。因此，一般来讲，幼儿只能初步涉及这一表现方式。真正较复杂的综合造型方法，要到 10 岁左右才能掌握得较好。

三、纸工造型的发展

纸工造型，在幼儿期虽是代表性的活动，但它们并不出现在幼儿的自然游戏中。

在折纸方面，幼儿很少有独出心裁的造型活动，大都以成年人所教给的折纸为满足。由于折纸需要手指灵活和较强的记忆力，同时需要按照一定的顺序和方法仔细地操作，因此，像样的折纸一般在 3 岁以后出现。如果要长时间保持兴趣完成一项有一定主题的折纸任务，一般要到 5～6 岁才能初步涉及。

剪纸大体上与折纸一样。不过，因为要使用剪刀，儿童开始这项活动一般要在 3 岁以后。孩子喜欢的剪法，最初是把纸片直接剪成各种形状，从剪的动作中获得快感。5 岁以后，幼儿开始剪出整齐的物体形状。而把纸片叠起来剪成图案，需要较强的忍耐和剪的技能，故只有 5 岁以后的幼儿才真正感兴趣。

第三节　幼儿音乐活动心理

像绘画一样，音乐也是幼儿表达和交流情绪与感受的一种重要方式。音乐能力大致包括两个方面：感受、理解音乐与表达音乐。幼儿对音乐的感受、理解和表达能力，是通过一系列音乐活动，如倾听声音和音乐、咿呀学唱和正式的歌唱活动、节奏活动、演奏乐器的活动等。这是一种人人具有的，在音乐活动中可以得到激发、挖掘和发展的能力。和语言的发生发展一样，这种能力具有独立的发展结构和独特的发展规律，当然也表现出明显的个体差异。

一、幼儿感知和理解音乐的特点

幼儿在音乐活动中表现出哪些心理特点？

幼儿最初感知的音乐是一种和谐的声音流，音乐刺激在他们头脑中引起的反映仅是好听，没有任何意义。这时，幼儿是把音乐作为一个整体来接受的，不能辨认出音乐中的各个因素。随着年龄的增长，他们对音乐作品所蕴含的内容渐渐有所了解，并渴望获得某种情绪体验。这时，音乐对他们才有了意义。在音乐活动中，幼儿对鲜明、生动、节奏感强、有抒情风格、比较接近幼儿生活的乐曲往往记得牢，如摇篮曲、进行曲等。但对音乐的情绪体验一般不是很深，而且产生得快，消失得也快。

幼儿对音乐的感受和理解是在倾听声音的过程中发展起来的。

一个听力正常的幼儿，在3岁前获得的倾听经验是很丰富的。某些研究显示，在妊娠期3个月，多数胎儿对外界的声音刺激就能有所感觉，他们用动作以及改变内部的呼吸予以反应。胎儿对母亲心律的习惯，延续影响到他出生后的一些行为方式，如用左手抱出生后不久的婴儿，他们就比较容易安静，因为妈妈的心脏在身体偏左的部位。

另有研究指出，出生后几分钟的婴儿就有听觉反应，两三天后对不同的音色能建立起条件反射，对不同频率的声音也能分化。5天后就能辨别声音的位置，一听见声音能完全停止动作，这是听觉集中的表现。另一方面，婴儿对音乐也会产生一定的反应。两三个月的婴儿听见柔和而有旋律的声音时就会停止不安的动作和哭叫，有时在安静的情况下听了音乐还会活动起来。如果每次让他听同样的音乐，他甚至能对这一音乐表现出一定的喜好。

进入幼儿园后，幼儿对声音和音乐作品的倾听能力，会在成人良好教育的影响下大大提高。

一般而言，小班幼儿开始能自发地倾听环境中的各种声音并主动地分辨和描述这些声音，如分辨“欢快的”“忧伤的”“轻柔的”和“跳跃的”音乐，并用性质相似的动物走路的动作来描述所听到的声音。他们还能逐步养成注意倾听教师和同伴的歌声以及琴声伴奏的习惯。但他们对音乐的力度、速度和音区变化的感知和理解，还有较大的困难。如《小鸟的歌》，乐曲旋律在较高的音区进行，力度中等，声音清脆，明亮；《大象走》乐曲旋律主要在低音区进行，音乐低沉，速度较慢，力度较强。此时幼儿的困难在于，他们还很难区分哪首乐曲音调高，哪首乐曲音调低，更不能辨别由于音区不同和演奏不同而造成音色上的差别。他们对歌词的记忆，主要依靠音乐塑造的具体形象。器乐曲由于没有相应的歌词，一般比歌曲难记住。但如果音乐形象鲜明，有相应的标题，内容又是孩子们熟悉的和感兴趣的，或者节奏和旋律有模仿性、描绘性，那么幼儿一般也能记住。

与小班幼儿相比，中班幼儿已能从熟悉的音乐作品中获得初步的音乐概念，并能把它运用到性质相同但没听过的音乐作品中去，能根据同类乐曲的特点进行归类，能用简单的词说明它们的性质，而不像小班那样主要通过动作来体现音乐的性质。对音乐作品中明显的力度、速度变化及其表情作用，他们已能轻易指出。

到了大班，幼儿已开始懂得音乐作品是表达一定思想内容的。他们不仅能正确地辨认熟悉的音乐作品的情绪、性质，而且能感知作品中的各个细节。如大班幼儿听过一定数量和各种少数民族舞曲以后，再欣赏风格相似的新作品，他们能分辨出它是哪个少数民族的舞曲。对音区的变化，他们也能较准确地加以区别。如欣赏《小白兔和大黑熊》，听到高音区活泼跳跃的主旋律时，能理解是在表现小兔子，听到低音区低沉而缓慢的主旋律时，知道是在表现大黑熊。他们也能感知简单的二段体和三段体曲式。

中、大班幼儿倾听的主动性、自觉性和听辨性能力都得到了较快的发展。他们除能认真地按要求倾听和进行听辨、描述以外，还会较多地主动倾听环境中的声音和音乐。同时，他们对音乐高低、力度、速度、音区、节拍和节奏型的变化，乐段、乐句之间的重复和变化，音乐在情绪性质方面的差异，甚至某些明显的风格差异，都能从听得出具有明显的对比，逐渐发展到听得出其渐变的过程，并能了解它们在表达音乐思想感情中所起的作用。在良好教育下，他们不但能较好地理解歌词内容稍微复杂的歌曲，而且对器乐曲的理解能力也进一步增强了。在这一阶段，幼儿对音乐情绪、情感的体验和理解，也越来越细腻和富有个性。

二、幼儿音乐表现方式的发展

(一)唱歌能力的发展

歌声，是由人的呼吸器官、发音器官、共鸣器官、咬字器官以及监听器官在大脑中枢神经系统的控制下相互配合、协调而产生的。真正的歌唱，除了各种器官的协调以外，还必须有回忆、再现、理解、想象以及情感的激发、体验、表达等一系列复杂的心理活动的参与和体态动作、表情等方面的配合。因此，歌唱能力的发展，是与许多因素分不开的。下面，我们将从歌唱的诸多方面，来分析幼儿歌唱能力的发展。

1. 对歌词的听辨、理解与记忆

幼儿对歌词的理解，是与其语言的发展水平相一致的。小班幼儿对歌词含义的理解，经常会遇到困难。即便在听辨和发出语言方面，他们也会经常出现错误，特别对于一些难发的音，如 zh、ch、sh、r、j、q、x 等。当孩子发不准音时，听音就会发生错误。中大班幼儿一般对歌词的听辨、理解、记忆能力有了较大的提高，他们唱错字、发错音的情况一般很少，但遇到不理解的词，唱错歌词的情况还是很多的。

2. 音域的年龄差异

音域是指从最低音到最高音之间的范围。音域的大小与发音器官的发音状态以及后天的良好训练有关，因此，个体差异一般较大。

小班幼儿一般可唱出 5～6 个音，大致在 c^1～a^1之间。其中，听起来最舒服的声音是在 d^1～g^1之间。个别小班幼儿的音域可能稍宽或者偏高，向上

可能达到 c^2，向下可能唱到 a。而个别小班幼儿的音域可能偏窄，大致在 3 个音左右。

中大班幼儿的音域会稍有扩展，向上一般可达到 b^1 或者 c^2，向下一般可以达到 b 或者 a。虽然这时的幼儿一般能唱到 c^2 的高度，但这个高音处在强拍的位置上，且占有较长的时值，或者在同一首歌曲中多次出现，那么，大多数幼儿可能会感到吃力，甚至会因无法达到而唱走调。同样，对于偏低的音，如 b 和 a，这时的幼儿也不易唱好。

中、大班幼儿音域发展的个体差异也很明显。调查发现，有个别女孩能唱到 d^2 甚至 e^2、f^2，但有些幼儿连唱 a^1 都很勉强。所以，教中、大班幼儿唱好从 c^1～c^2 的音是比较恰当的。

3. 对节奏的把握

如果歌曲的节奏能够与幼儿自身的生理活动，如心跳、呼吸、脉搏等的节奏相适应，或与幼儿的身体动作，如走路、跑步等节奏相协调，那么，幼儿掌握起来就会比较轻松。因此，一般由二分音符、四分音符、八分音符所构成的歌曲节奏，是比较容易被 3 岁幼儿所接受的，但不一定会唱得非常准确。到了小班末期，如果歌唱的速度适中，绝大多数孩子是能够比较合拍地歌唱的。

中、大班幼儿一般对歌曲中的二分、四分、八分音符的节奏掌握得较好，甚至能较好地掌握带附点的节奏和切分节奏。

4. 对音准的把握

有研究表明，在幼儿的歌唱活动中，幼儿最容易掌握的是歌词，节奏次之，速度第三，呼吸第四，最难掌握的是音准。

为什么音准把握能力发展得最为缓慢呢？因为，要唱准音的高低，除要有听辨音高的能力外，还要有对发声器官进行精确调控的能力和对所唱出的声音进行敏锐监听的能力。这种操作相当精密和复杂，因而影响了音准的把握。

孩子入幼儿园以前，歌唱的音准一般很差，所唱出的旋律只能说是近似于原曲的旋律。入幼儿园后，幼儿独立歌唱时的“走音”现象仍相当严重。但若有乐器或背景音乐伴随，音准将会得到一定程度的改善。如果幼儿唱歌时定调过高或过低，歌曲本身的音域过宽，旋律中难以掌握的音程过多，以及儿童处于疲劳、精神不振、注意力不集中的状态时，也很容易出现“走音”现象。

5. 对呼吸技巧的把握

呼吸，是歌唱活动中重要的技能。

入幼儿园以前，由于幼儿肺活量很小，呼吸也很浅，加上他们对气息的控制能力还没有很好地发展起来，因此孩子往往一句歌词没有唱完就要换气，有的甚至会一字一顿地歌唱。

入幼儿园后，幼儿逐步学会了换气，但因换气而中断句子、词意的情况可能还会经常发生。一般地说，强拍后面和时值较长的音后面经常是他们换气的地方，如 v 为换气符：

1=F 2/4

1 1 1 | 6 1 | 4^{v} 5 6 | 5 — |

一 排 排 手 绢 谁 洗 的?

1=C 2/4

6 5 3 5 3 2 | 1 $2.^{v}$ 3 | 1 — ‖

乐 得 笑 哈 哈，笑 哈 哈!

在良好教育条件下，中、大班幼儿一般能做到呼吸自然而迅速，不耸肩，不发出很响的吸气声，能有节制地消耗气息，能按需要换气而不中断句子。但如果句子太长，速度又慢，幼儿对歌唱时呼吸的调控仍会感到困难。

6. **表现技能的发展**

歌唱中的表现技能主要是指歌唱者根据歌曲的特点，对歌唱的速度、力度、音色以及咬字、吐字、气息运用等方面进行调控的能力。

入幼儿园以前，孩子的歌唱活动基本上是一种声音游戏，缺乏表现意识，因而谈不上有什么表现技能。

至小班，幼儿已形成初步的表现意识，表现技能有一定的发展。末期，幼儿基本能做到用速度、力度和音色的明显变化来表现歌曲中的不同形象和自己的感受，有时还能掌握速度和力度的渐变。

中、大班幼儿已有了较强的表现意识，能较熟练地应用一些简单的表现技能，对歌曲的形象、主题、情绪的体验和理解能力得到进一步地发展。因此，他们已能运用声音的变化来表达感情。这时，他们已能较好地唱出速度和力度的逐渐变化，能唱好中等速度、力度的歌曲，能唱出歌曲中的跳音、顿音、保持音和连音，但这时的幼儿也容易形成一些不好的习惯，如过分夸张地唱下滑音，过分夸张地使用气声，过分剧烈地晃动身体或头部，做出不自然的脸部表情和身体姿态等。

(二)韵律活动能力的发展

韵律活动是指随音乐而进行，并与音乐相协调的各种有节奏的身体动作，它包括律动、舞蹈以及其他节奏活动。律动是指随音乐而进行的一系列模仿动作的组合，如摘果子，作小鸟飞，学熊走路等，它一般比较形象，但又较粗略。舞蹈主要由一些基本舞步和简单的舞蹈动作构成，它比律动严谨。

幼儿的韵律活动能力，是与其节奏感同步发展起来的，这种发展大致经历三个阶段。

第一阶段：韵律动作与音乐不合拍。如让幼儿边听音乐边拍手，3岁左右的幼儿一听到琴声(或音乐)就知道该拍手了，于是连续不断地、比较快速地拍了起来，动作既不合拍也不均匀。可以看出，这时的孩子是用适合自己身体晃动的速度而不是照音乐的速度来做动作的，所以各人按各人的感受来做动作，结果非常混乱。

第二阶段：注意听音乐，尽量使自己的动作合拍。在良好教育下，小班幼儿开始能够根据音乐的特点，以身体的动作来反应音乐的内容，如模仿小兔跳，模仿大象甩鼻子等。因此，这时的幼儿不仅可以做律动，还能学习一些简单的音乐游戏和舞蹈。虽然幼儿已能注意使自己的动作与音乐合拍，但这时孩子还不能自始至终地稳定地合着节拍来做动作，所以常常会出现这样的情况，即开始时比较合拍，但到中途就变得不合拍了，其原因可能与幼儿将注意力高度集中在听音乐上有关，也就是说，高度的听觉集中可能影响了幼儿的动作和表情。

第三阶段：动作与音乐合拍，且轻松自如。大概到了4～5岁，幼儿已能从高度的听觉集中中解脱出来，将注意力很好地分配到音乐动作和表情等方面，因此，这时孩子动作的协调性和对音乐的表现力大大增强，而且动作逐渐变得轻松、自如，表情越来越丰富、细腻，兴趣也很大。

在良好的教育下，中班幼儿能初步懂得自己的动作应该与音乐合拍，并尽量做到与音乐一致，但这时的韵律动作基本上是以手的动作为中心的。如果要求幼儿听音乐合拍地做一些手脚或者身体其他部位的协调动作，中班幼儿仍会感到相当困难。

到了大班，动作已能完全与音乐一致。他们中的绝大多数都能感觉到音乐的基本节拍，并能在韵律活动中很快抓住音乐的基本节拍，随着拍子的快慢或渐快渐慢而改变动作的速度，随着音乐中节拍的强弱或渐强渐弱而改变动作的力度。此外，这时的幼儿还能学会一些与自身动作密切的节奏型，也能在动作中反应出简单的、有明显对比的两段体或三段体结构的音乐。

(三)演奏打击乐器能力的发展

演奏打击乐器的能力，很大程度上依赖于韵律活动能力的发展。打击乐器的演奏，是以孩子从不断敲击各种各样的物体中所获得的关于敲击动作与声音特性之间的关系为基础的。

小班幼儿对演奏打击乐器就已经很感兴趣，但他们开始演奏打击乐器的技能极为简单，只是按照一定的速度拍打，还不能与教师演奏的音乐合拍。在良好教育条件下，他们能够逐步掌握一些主要用大肌肉动作来演奏的打击乐器，如铃鼓、串铃、碰铃、圆弧响板和大鼓等。在上述乐器中，小班幼儿最易掌握的是铃鼓和串铃，大鼓(由上向下击奏的中国鼓，由外向内击奏的西洋大鼓)对幼儿手眼协调能力的要求不高，所以掌握起来不太困难，相对较难的是碰铃和圆弧响板的演奏。

小班幼儿也已开始用探索的方法来掌握同一种乐器的不同演奏方法，并能够初步学会按照需要调整演奏所需的力量，奏出比较适中的音量和比较好的音色。

到了中、大班，幼儿能够逐步学会使用小肌肉动作演奏乐器，如在击奏铃鼓、串铃、碰铃时自然地运用手腕，以使动作更为流畅，声音更为柔和；用上下振动手臂的方法演奏沙锤；更多地运用手腕运动的方式击奏木鱼、双响筒和三角铁等。由此可见，中、大班幼儿已熟练掌握了各种乐器的不同演奏方法，并能根据乐曲的性质，运用自身的情绪、感受来调整演奏的技巧，以使演奏更为准确地反应乐曲的主题。

三、幼儿音乐活动中合作与协调性的发展

合作与协调是幼儿音乐活动中的又一重要方面，这方面的能力主要是指幼儿在音乐活动中，能够根据活动的需要不断调整自己的行为，以求得与同伴、老师和集体行为协调一致的能力。音乐活动中的合作与协调，极好地体现出音乐用来表达、交流情绪与感受的社会性，它对于幼儿音乐能力的发展，具有十分重要的意义。

合作与协调能力体现在幼儿音乐活动的各个方面。

歌唱活动中的合作与协调，就是幼儿在共同歌唱时使自己的声音与同伴协调一致。这不仅要求幼儿在歌唱时要注意监听自己的歌声，而且还要注意倾听同伴的歌声和伴奏的声音。

韵律活动中的合作与协调，主要是指幼儿运用动作、表情等与同伴和老师积极配合、沟通，共享空间。这种能力要求幼儿有对彼此间动作关系、情感关系、空间关系的判断和调节能力。

乐器演奏活动中的合作与协调，主要是指幼儿在演奏过程中注意倾听自己、同伴和集体的演奏，并努力使自己的演奏服从于整体音响形象的塑造要求。它要求幼儿有对各种音响关系(个人演奏音响、声部音响、整体音响)的

倾听、判断和调节能力。

一般在歌唱活动中，小班幼儿基本上能做到在音量、音色、音高和速度上与集体协调，并能掌握简单的对唱和接唱；在韵律活动中，能运用和调整自己的脸部表情和体态表情，学会与两个甚至更多的同伴合作表演；在演奏活动中，能初步理解简单的指挥手势，并在演奏活动中尽量用积极的情感和态度与同伴沟通、配合。这一时期，幼儿能初步体验到与同伴和集体合作协调的快乐。

中、大班幼儿已有了较强的合作协调意识和技能。在歌唱活动中，他们不仅能较多地注意到声音表情上的整体协调性，而且也能产生较多的情感默契和共鸣；不仅能比较自觉地监控自己的声音，也会比较敏感地注意到集体歌声中的不协调因素及其产生的原因。同时，他们还能基本掌握独立的对唱、接唱、领唱、齐唱、轮唱及简单的二声部合唱等歌唱表演技能。在韵律活动中，他们能够完全不借助语言而迅速找到舞伴，而且也不拒绝别人的邀请；他们能学会运用“相辅相成”和“相反相成”的动作方式与同伴相配合，能学会在共同活动时与同伴共享空间与其他条件，等等。在演奏活动中，能学会在许多声部合奏中主动地关注整体音响，并努力保持整体音响的协调性；能迅速理解各种指挥手势并积极准确地做出反应；在担任指挥时，能以明确的手势和脸部表情、体态表情等与演奏者进行积极的情感沟通，并以此调动演奏者的情绪以及合作表现的热情。

第四节　幼儿数学活动心理

一、数学的特点与幼儿学习数学的思维特征

幼儿的数学活动有哪些心理特点？

数学具有高度的抽象性、严密的逻辑性和广泛的应用性。

数学的抽象性是指每一数学概念，无论是点、线、面、体概念还是数概念，都是抽象、概括的结果。如“1”，它具体可指1个人、1片面包、1支铅笔、1张纸、1排树等，抽象地说，它代表一个或一类事物，但这一结果是无数次对各种集合进行抽象概括得出来的，它需要有空间、时间的感知能力、观察能力和分析、综合、比较、抽象、概括等综合能力的参与。

数学的应用性是指运用抽象出来的有关数、形的原理，去解决生活中俯

拾皆是的数学问题。幼儿数学也具有一定的应用性，主要体现在幼儿可利用粗浅的数学知识和技能，去认识和探索未知的世界。

数学的逻辑性体现在数学概念之间是一个相互联系的大系统。也就是说，数学除了数、形两个范畴以外，还存在着各种复杂的数学关系，即形形关系、数数关系和形数关系。这些关系下面，又有一系列次级关系系统，主要有：

(1)相对关系，即对数、量、形、空间定向与时间概念的理解，都是相对的。如对“1”的理解，1 个苹果分成 2 块苹果，而其中的 1 块苹果又可以分成若干片苹果……在这里，“1”可以用来表示“1”个苹果、“1”块苹果、“1”片苹果，可见，“1”的概念是相对的。又如对长度的理解，2 根小棒 A、B 相比，A 长，B 短，如果再加进一根小棒 C，C 比 A 长，这样 A 比 B 长，但比 C 短，这也是相对性的表现。也就是说，物体量的属性，是相对于某一参照物(系)而存在的。在这一点上，空间定向也是如此。

(2)运算的可逆推导关系。如 5＋3＝8，可以推出 8－3＝5 或 8－5＝3。

(3)互补或函数关系。如将一个面团搓长的同时变细了，搓短时就变粗了；一杯水，倒进一口大的柱形玻璃缸时，水柱很矮，但当倒进一口细的柱形玻璃缸时，水柱就很高。在这里，面团的长和细，短和粗之间，瓶口的大小与水柱的高矮之间，都存在着一定的关系，这种关系不是随机的，而是有一定规律性的，这就是函数关系，概括地说，它是指一个数列可以随另一个数列的递增或递减而有规律地递增或递减。函数关系同时渗透了乘法与函数概念的基础，它广泛存在于幼儿数、量、形等概念之中。所以，要从小培养幼儿进行函数思考的能力，即把具有某种对应关系的对象联系起来思考，培养这种能力的实质，是使幼儿通过学习简单的函数关系(并不是函数本身)，养成用运动和变化的观点来观察数量关系的思维能力。

(4)类包含关系，即任一总类总是包含它的子类，所有的子类可以结合成总类。这在数、形两方面都是一致的。如：

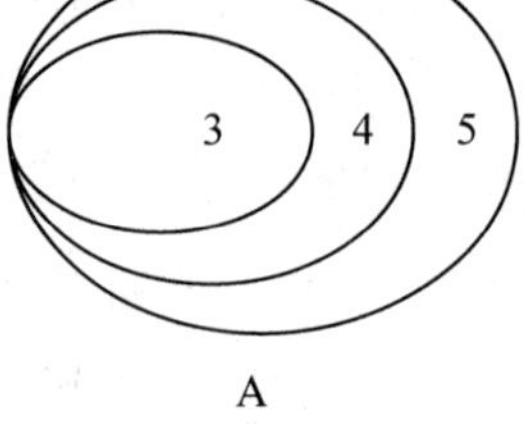

A

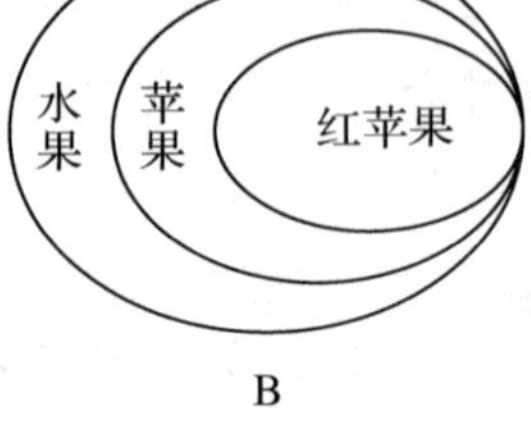

B

我们知道，幼儿的思维是以具体形象性为其特征的。形象思维的特点，就在于幼儿可以摆脱对动作的直接依赖，而在头脑中凭借事物的具体形象或表象来进行思维，但在这一思维形式发展的早期，仍留有3岁前儿童的思维痕迹，即一定要在摆弄物体时才能进行思维。到幼儿期末，出现了逻辑思维的萌芽，思维对行动的调节作用也开始明显地表现出来。

由于数学本身的抽象性和逻辑性，在幼儿的数学活动中，特别典型地体现了幼儿思维的特点。综合国内外相关研究，我们可以看到，幼儿在理解、掌握数、量、形等方面的概念时，大致具有以下四级思维水平。

第一级：实物操作水平，即幼儿是在操作实物的过程中来认识数、形关系的，这适合于幼儿的直觉行动思维特点，小班幼儿一般属这种水平。如对苹果、梨、桔子等进行分类，小班的孩子一般是在摆弄这些实物的过程中完成任务的。

第二级：直观形象操作水平，即幼儿是利用图片或幻灯等直观形象操作来认识数、形关系的，这适合幼儿较低级水平的具体形象思维的特点。如小班末期至中班的幼儿就能利用苹果、梨、桔子等图片进行分类游戏。显然，图片操作与实物操作比较起来，既抽象一些，又困难一些。

第三级：表象操作水平，即幼儿能利用头脑中的表象而非直观形象的操作来认识数形关系，这适合于幼儿较高级水平的具体形象思维的特点。如在大班采用讲故事的方式引导幼儿进行表象的思考："池塘里有3只小鸭子，有1只跑到岸上去了，池塘里还有多少只小鸭子呢?""苹果是圆圆的，还是方方的?"等等。利用表象操作来认识数、形关系，一般对语言的依赖性较大，同时，教师的体态语对幼儿的表象操作也具有较大的影响力。

第四级：符号操作水平，即幼儿能利用抽象数概念的操作来认识数、形关系，这是幼儿末期抽象逻辑思维开始萌芽的表现，与前面三个阶段是密切联系的。如幼儿利用数字和加减符号计算"10－6＝4""5＋2＝7"，或者用组成与分解的符号摆出：

　1　2　3　4　5　6　7
8
　7　6　5　4　3　2　1

以上四种思维水平，体现了幼儿在认识和探索数、形关系中的一般思维特征。但在实际活动中，采用哪一级思维水平来组织活动，取决于学习的材料，以及幼儿的现有水平和可能发展的水平。因此，了解和掌握幼儿学习数学的典型思维特征，以及幼儿数学活动中概念与数学关系的理解等特点，对于进一步探讨幼儿数学活动中的诸多规律、特点，从而提高指导幼儿数学活动的技能来说，是十分重要的。

二、幼儿数学学习中几个重要概念的发展

1. 一一对应概念的发展

所谓一一对应，是指将两组以上的物体一个对一个配成对。如有一堆苹果，一堆桔子，把一个苹果和一个桔子放在一起，如果刚好配完，则说明两组数目相等，如果苹果配不完，则苹果比桔子多，如果桔子配不完，则桔子比苹果多，因此，采用一一对应法，可以确定两组物体是等量还是非等量。

点数实际上也是一种一对一的对应活动。在点数时，需把所点的物体与某一个数字配合起来，即在实物与自然数列之间建立起一一对应的关系，这样，数目是多少，实物也是多少。所以，一一对应概念的形成，是幼儿学数的基本心理准备。一一对应概念的发展，经历了一个较长的发展过程。婴儿期，孩子逐渐发现周围的物体并不依赖于他而存在，而是独立存在的，这样，孩子就获得了对自身之外的物体的永久性的理解，同时，他也发现物体可以被移动，几个物体可以靠在一起，也可以分开，这些发现都是以后理解一一对应和数目守恒的基础。

大约到3～4岁时，幼儿就能把物体加以配对，如一块大积木配一块小积木，但并不理解一一对应才能相等的道理，除非对应以相同的方式，如大小积木排成一样长的两条线。即使如此，幼儿还是从一对一的活动中很快获得了许多与计数相关的经验，利用这些相关经验，幼儿对某些数学概念逐渐清晰起来。

2. 守恒概念的发展

所谓守恒，就是这样一种认识，即对一个或一组物体的把握，不因其物理属性(形状、颜色、长度、方向、位置等)的改变而改变。在数、形两个方面，根据物体某一物理属性的变化，分别有数目守恒、数量守恒、长度守恒、面积守恒、体积守恒和重量守恒等。先举例说明：

例①，数目相等的圆和正方形，在正方形排列位置改变的情况下让幼儿判断两组物体数目是否有了改变。

例②，长度相等的两根小棒A和B，在B变换到B′的条件下，让幼儿判断两根小棒的长度性质是否发生了变化。

例③，面积相等的两块草地，分别划成了16小块，每一小块都是一样大的。有一头牛，第一周吃草地A上的草，共吃了如图E所示的草，第二周在B草地上吃草，吃掉了如图F所示的草，在这种情况下，让幼儿判断这头牛在两块草地上吃掉的草是否一样多。

例④，两个一样大的杯子R1、R2都装满水，然后分别倒入玻璃缸S

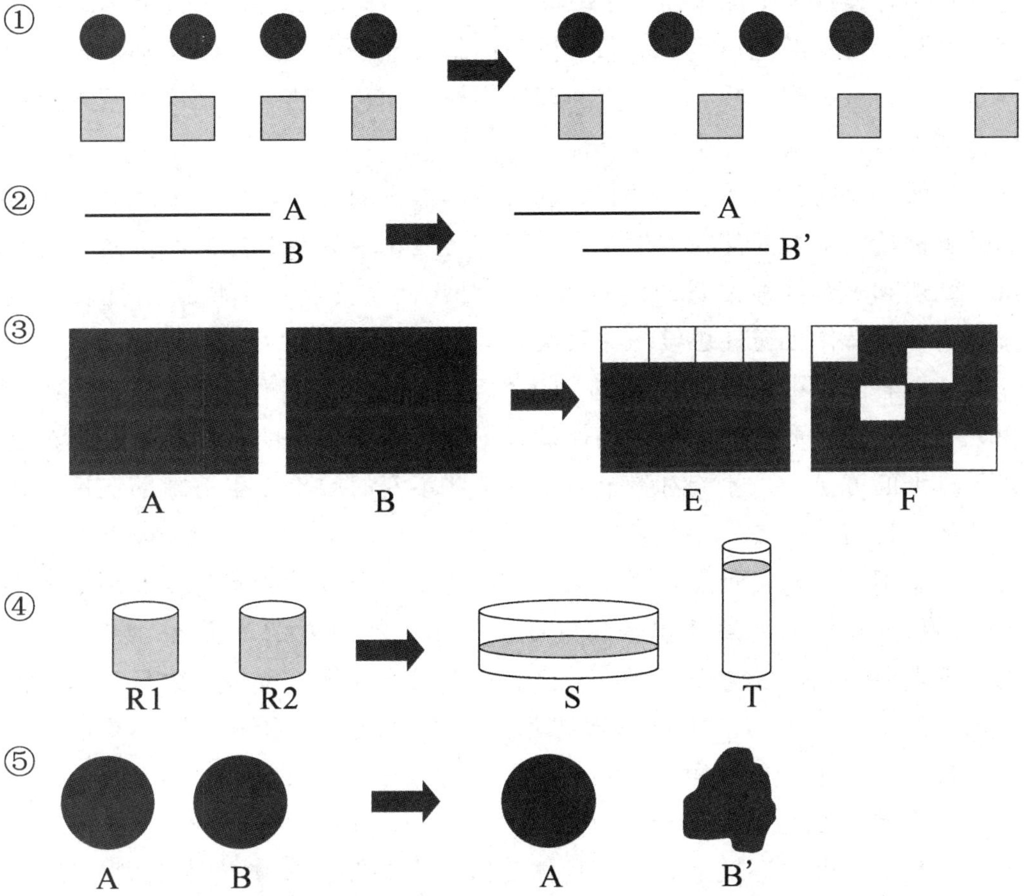

和 T，在这种情况下，让幼儿判断 S 与 T 内的水是否一样多。

例⑤，两个一样大的面球，在将 B 捏成 B′的情况下，问幼儿这两个面球还一样重吗？

显然，在上述各例中，幼儿需要排除空间位置、形状等无关因素的影响，保持对某种不变因素的恒定认识。要达到这种守恒认识，必须具备两个方面的心理条件：一是一一对应，二是可逆性思维。一一对应我们在第一点中已有了详细的说明，补充一点，幼儿对一一对应的真正理解，就是对数目的守恒认识。下面着重谈谈可逆性思维的问题。

思维的可逆性包括两方面的含义：一是逆向性，二是互反性。在思想上把摆开的正方形恢复到原位(例①)，把错开放的小棒恢复到原位(例②)，把分散的草地合拢到一起(例③)，把粗玻璃缸与细玻璃缸里的水重新倒回标准杯(例④)，把压扁的面饼恢复成圆球，从而判断两组图形的数目一样多；两根小棒一样长；两块草地一样大；两杯水一样多；两个面团一样重。这就是思维的可逆性。第一根小棒左边长，但右边短于另一根小棒，右边的短被左边的长所补偿；一个面球压扁了，面积大了，但同时薄了，所以薄为大所补偿；一瓶液体很矮但很粗，一瓶液体很高却很细，所以矮被粗所补偿，细被高所补偿。认识到这些，从而判断两根小棒一样长，两个面团一样重，两瓶液体一样多，这就是思维的互反性。

显然，逆向性只是一个对表象进行逆向操作的过程，但互反性需要同时看到事物的两个方面都在发生变化，假如对变化中的两个方面的关系有所理解，就达到了对这种关系的函数思考。因此，互反性思维比逆向性思维更难，它可以看作可逆性思维的深层次方面。

可以看出，可逆性思维是与物体的某种内容的守恒密切相关的，在这里，空间位置、形状、大小等条件发生了变化，但物体的量并没有变。正是由于思维的可逆性，才能对整个体系中某些不变的因素产生清晰的认识，即达到数、量的守恒。

根据国内的相关研究，幼儿达到守恒的年龄受教学的制约，如果把教学的立足点放在培养儿童认识数、量守恒的相关能力方面，那么，有近90%的大班末期幼儿可以全面达到对于长度、面积、容积、重量和数目等的守恒认识。甚至60%左右的中班初期幼儿都可以在逆向性水平上认识数量的守恒，有20%左右的幼儿可以在逆向性和互反性两个方面认识数量的守恒。

3. 类包含概念的发展

从数学上讲，类就是集合。具体而言，类就是由同类物体组成的总体，这也是集合的概念。

类包含是指子类结合成总类，总类划分成子类的过程，实际上是集与子集的关系，反映了整体与部分的关系。类包含不仅反映概念与概念之间的关系，而且还反映数与数、数量与数量间的关系。如有3只小白兔，2只大白兔，是小白兔多，还是大白兔多？这是总类与子类的关系；而6与4的关系，实际上就是集(6个元素)与子集(4个元素)的关系。显然，类包含概念的形成，要求幼儿有较强的抽象概括能力，只有在幼儿对上位概念与下位概念的关系有较清晰理解的前提下，幼儿才有可能进行正确的判断和分类，并在此基础上正确比较数的大小，以及运用数群概念进行快速点数，掌握数的组成与加减运算，等等。这就是类包含概念对幼儿学习数学的意义。

在直观条件下，3岁以上的幼儿能对集(类)和子集(子类)作比较，能初步理解它们的包含关系。研究证明，4岁幼儿对包含关系开始有了一定的理解(正确率约为5%)，5岁是幼儿理解包含关系能力发展较快的时期(正确率约为45%)，而6岁幼儿对类包含的理解，较5岁幼儿又有了较大的提高(正确率约为65%)。

4. **排序能力的发展**

根据事物的某些特征顺序排列物体，是幼儿时期发展的一种重要逻辑能力，即排序能力。在排序活动中，幼儿要针对一系列物体的不同特征，如长度、粗细、高矮、重量、数量等，不断进行关系的调整，以最终的递增或者递减，或者某种特定的规律来确定物体的位置，这种能力对于数初步概念的形成，具有特别重要的意义。

首先，排序有助于幼儿学习计数。因为，计数需对物体有次序地逐一点数，从排序活动中形成在时间或定向上依次列举的能力，有助于幼儿在计数活动中逐一将数目与物体建立起一定的有序联系。

其次，排序能帮助幼儿认识数的顺序，建立起数序概念。在排序活动中，幼儿将获得按物体的某种差异排成序列的经验，这将帮助幼儿理解：每一个数目都占有一定的位置，它们按一定的关系排列起来(等差 1)，形成自然数列。

最后，排序能帮助幼儿理解抽象的数概念，这是因为排序活动能促进幼儿可逆性、传递性和双重性思维能力的发展，这些能力正是幼儿形成抽象数概念所必须具备的。

排序中的可逆性，是指可从两个相反的方向按物体的某种差异排列成递增或者递减序列的属性，如从小到大，从大到小，等等。

排序中的传递性，实际上是一种简单的推理，如对于 B＞A，C＞B，则可知 C＞A，在这里，C 没有与 A 直接比较，而是借助 B 这个中介将关系传递到 A，从而判断它们的数量关系。

排序中的双重性，是指按等差关系排列的物体序列中，任何一个元素的量都比前面一个元素大，比后面一个元素小。如分别为 5 厘米、6 厘米、7 厘米的小棒，中间的一根比前一根长，但比后一根短，这种关系也看作是一种相对概念。

物体序列中的这三种关系，存在于数的关系之中，理解物体序列中这三种关系，也就能理解数之间的逻辑关系，而这些均需幼儿在思维上具有相应的可逆性、传递性和双重性才能做到。

3 岁的幼儿可以在知觉的水平上解决排序问题，如能完成 3 个不同大小的娃娃的排序任务。这时，幼儿依据的只是知觉对象的特点，还不能理解序列结构中的可逆性、传递性和双重性的关系。

到了 4～5 岁，幼儿开始尝试真正的排序作业，如把长短不一的铅笔排成一个序列，然而最早的排序结果往往是：幼儿只注意了一头对齐，忽视了长度的顺序。

6～7 岁幼儿已能构造出从短到长的一个系列，也能把所给的特定长度的铅笔插入系列中合适的位置。大班末期，幼儿甚至能够抽象地考虑关系的序列，解决用语言假设的问题，例如，李娴比莫楠高，莫楠又比王星高，那么，李娴一定比王星高？

三、幼儿初步数概念的发展

(一)3～4 岁幼儿学会计数，初步理解数的实际意义

1. 掌握计数的过程

3～4 岁幼儿计数能力的发展，一般要经过如下三个阶段：即由口头说数—按物点数—说出总数。

(1)口头说数是口头按顺序说出自然数，没有手与实物的对应，俗称“顺口溜”。口头说数是幼儿机械记忆数词的结果，并不代表对数的实际含义的理解，但它对幼儿学习计数具有积极的意义。据研究，小班幼儿口头说数时，最开始说出的几个数词是有顺序的，后面的就乱了，如 1、2、3、6、4、9……有顺序的部分随年龄的增长与能力的发展逐渐扩大。

(2)按物点数即用手逐一指点物体，同时有顺序地说出数词，使说出的数词与手点的物体一一对应。正确的按物点数需要手、眼、口、脑等器官的协同活动。由于这些器官的协同性发展在小班时期还很不完善，因此，小班幼儿在按物点数时很容易出现手口不一致的现象。据研究，不一致的现象大致有以下情形：①口能从 1 开始顺着数，但手却是乱点；②虽然手能一个一个地点，但口却乱数；③口与手虽然能有节奏地配合，但不是一对一的配合，往往是数 2 个数点 1 个实物，或者是点 2 个实物数 1 个数。这些情形大致与幼儿未真正掌握一一对应的比较方法以及语言的发展有关。

(3)说出总数即在按物点数后，将说出的最后一个数词用来代表所数过的物体的总数量。说出总数具有重要的意义，它说明幼儿已将最后说出的数词作为所数过的一群对象的总体来把握，它标志着幼儿开始理解某数的实际含义。由于种种原因，幼儿从按物点数到说出总数，需要经历一个比较困难的发展过程：①幼儿在按物点数完之后，如问“一共有多少”，幼儿往往回答“不知道”。②点完之后如问幼儿“一共是多少”，幼儿往往重复按物点数的过程，如幼儿点数 5 个杯子，待幼儿点完之后问“一共有多少个杯子”，幼儿会看看你，随即又 1、2、3、4、5 地点一遍。③用一个固定的数词作答，如不论点数什么东西，点数几个，幼儿都回答是 5 个，或者其他数词。④幼儿开始意识到说出的最后一个数词就是物体的总数，但这种认识很不稳定，而且

每数一次的结果可能不一致。如幼儿点数5个苹果，点完后问幼儿“一共是几个苹果”，回答是5个，但如果再问一遍，幼儿的回答可能是4个，再要幼儿点数一遍，再问，可能结果又不一样。

2. 影响幼儿计数的因素

(1)计数对象的性质影响幼儿计数的水平，如物体的大小和空间排列的形式。

(2)计数的方式影响幼儿计数的水平，一般情况下，一边点数物体，一边移动物体，可提高幼儿计数的准确性。

(3)计数对象呈现的方式也影响幼儿计数的水平，如让幼儿计数有节奏的敲击声，成绩不如通过目视点数实物。

(二)4～5岁计数能力进一步巩固，初步数概念基本形成

1. 计数能力的发展

克服了手口不一致的现象，能准确计数，并说出总数。计数时已不用完全依赖手的动作和发声。能从任何一个数接着往下数，认数的范围已扩大到10，并能按指定的数(10以内)正确取出相应数量的物体。

2. 能初步理解相邻两数之间的关系

4岁以后，随着认数范围的扩大以及有关数的形成经验的增加，幼儿逐渐理解了相邻两个数之间多1和少1的关系，但这时的理解一般是借助实物并依靠计数来比较的，而且尚未明确地建立起10以内自然数列之间等差关系的概念。

3. 初步理解数的守恒

幼儿园教育实践证明，在正确的教育下，大多数5岁左右的幼儿能掌握10以内的数目守恒，能初步理解物体的数目与物体的外部特征及其排列的样子无关。

4. 序数概念的发展

序数概念是在基数概念的基础上建立起来的。4岁以后，序数概念逐渐发展起来。中班初期，幼儿还很容易混淆基数与序数，因为当幼儿要回答第几个的时候，他首先必须依次点数，点数的结果，一是表示总数，一是表示这个物体排在第几的位置上。因此，点数的结果是很容易混淆的，有时我们以为幼儿掌握了序数，但实际上幼儿并没有掌握，如下面的例子。

开始时，分别标有1、2、3、4、5的5个小球依序排列，问孩子3号球排第几。这时，由于标有“3”的球与点数的结果“3”一致，所以幼儿很容易说出3号球排第3。若将球的位置移动之后，再要求幼儿回答3号球排第几。这时，幼儿便不假思索地说，3号球排第3。由此可以看出，幼儿对序数的概念受到了基数的影响，证明幼儿并未真正掌握序数概念。这个实验可为当前幼儿园的序数教学提供一些有益的启示。

5. **认读10以内阿拉伯数字**

教幼儿认读阿拉伯数字，有助于幼儿由数的符号引起数的表象。中班幼儿已经认识了10以内的数，从计数中也获得了较多的感性经验，所以这时教孩子认读阿拉伯数字，是比较容易的事情。

(三)5～6岁幼儿进一步认识数的关系，数群概念初步发展

1. **能理解相邻三个数及其关系**

相邻的三个数是指某数及其前面一个数和后面一个数，其关系是指某数比前面的数多1，比后面的数少1的关系。理解相邻数及其关系，意味着对数的内部结构和本质规律有了一定的认识。

2. **能理解10以内自然数列的等差关系**

相邻三个数的关系实际上是自然数列的等差关系的具体体现，而自然数列的等差关系则是对相邻三个数的关系的抽象和概括。6岁左右的幼儿能较好地理解10以内自然数列的等差关系，并以此巩固了对数列的认识。

3. **能按群计数**

按群计数就是计数时不以单个物体为单位，而是以数群(物体群)为单位。如点数一把铅笔，2个2个地数，可得2、4、6、8、10……5个5个地数，可得5、10、15、20……

按群计数是数群概念初步发展的标志之一。数群概念是指能将代表一个物体群的数在心理上把它视为一个整体去把握，而不需用实物和逐一计数的方式确定全部物体的数量。举例来说，比如在幼儿刚点完的5个小球的后面又增加2个小球，问幼儿一共有多少小球。这时，如果孩子又从头点一遍，然后回答是7个小球，我们说幼儿还没有数群概念，即没有把前面数得的结果在心理上视为一个整体。如果幼儿接着前面的结果点下去，即5、6、7，我们说这时的幼儿已具有按数群计数的能力。数群概念的获得要求幼儿具有一定的数的抽象水平，它对幼儿掌握数的组成以及加减运算都具有重要意义。

4. **初步掌握数的组成**

数的组成包含组合和分解两个方面。幼儿掌握数的组成是数群概念的发展，也是进一步理解数之间关系的标志。

幼儿学习数的组成只学习一个数分成两个部分。

掌握数的组成对幼儿形成初步数概念具有重要价值：

(1)数的组成实质是数群和子群之间存在着等量、互补和互换的关系，是一种概念水平上的数运算，如：

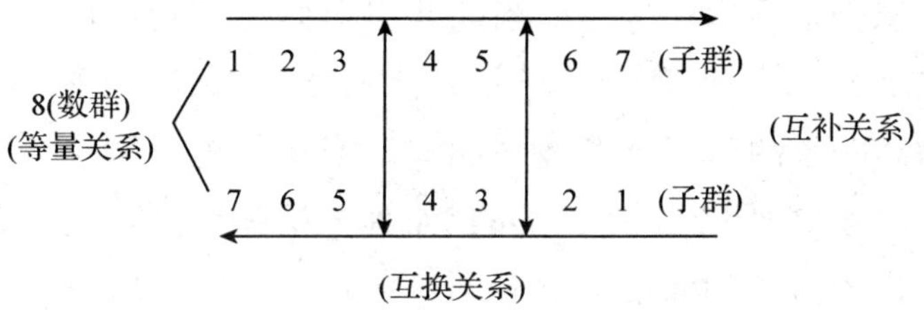

从上图可看出，1 和 7，2 和 6 可以组成 8，这是等量关系；就子群而言，随着一侧数目的递增，另一侧数目相应递减，这是子群与子群间的互补关系；在分成的若干组当中，3 和 5 可以互换为 5 和 3，这是互换关系。

(2)数的组成是抽象加减运算的基础。由于数组成的实质是一种概念水平上的数运算，因此，只要引入加、减符号，这种数运算也就变成了形式上的加、减运算。

研究表明，4 岁半以前的幼儿不能理解数的组成，5 岁以后，幼儿能初步理解数的组成，但不全面、不稳定，表现为常常漏掉某一种组成形式，且对互换关系的实际意义不太理解。5 岁半以后，幼儿数的组成能力发展较快，6 岁半左右能基本掌握数的组成。

四、幼儿对几何形体的认识

1. 认识各种几何形体的顺序

(1)先平面后立体。

(2)认识平面图形的顺序：圆形⟶正方形⟶三角形⟶长方形⟶半圆形⟶椭圆形⟶梯形等。

(3)认识立体图形的顺序：球体⟶正方体⟶圆柱体⟶长方体⟶圆锥体。

以上发展顺序只是相对的，因为这些顺序受幼儿的生活经验及其受教育状况的影响很大，同时，也与形体本身的变式有关。

2. 幼儿对形、体的知觉

一般经历配对⟶指认⟶命名的过程

配对是指找出与给定的范例相同的形、体；指认是按成人口述形、体的名称，找出相应的形、体；命名是说出给定形、体的名称。有研究指出，幼儿图形配对的正确率最高，指认次之，命名最低。

3. **幼儿对形、体与实物联系的认识**

一般经历将形体与实物等同──→将形体与实物比较──→将形体作为区分物体形状的标准这样一个过程。举例来说，当幼儿将形、体与实物等同时，一般说"什么是什么"，如圆形是皮球，是碟子，是太阳，手绢是正方形，茶杯是圆柱体，篮子是圆形，等等。当幼儿将形体与实物作比较时，一般会说"什么像什么"，如圆形像盘子，像饼；正方形像手绢，等等，说明幼儿对形、体与实物间关系的认识逐渐清晰起来。当幼儿将形体作为区分物体形状的标准时，一般会说"什么是什么形的"如盘子是圆形的，皮球是球体等，这时，幼儿在形、体与实物间已建立起既有区别又有密切联系的灵活关系，从而能将有关形体的知识运用到实际生活中去。

4. **幼儿感知形体方法的发展**

幼儿在认识几何形体时，可综合运用视觉和触觉的经验，有研究指出，在这方面存在明显的年龄差异。

(1)视觉方面：

3 岁幼儿用视觉感知形体时往往是粗略的，草率的，对一些相似的形体一般难以分辨，如正方形与长方形，圆形与椭圆形等，且往往只注意形体的某一个别特点；

4 岁幼儿认识形体时只注意到图形的内部，好像在观察图形的大小；

5 岁幼儿眼睛则能沿着图形的外部轮廓运动，所以能注意到图形的主要部分(如角和边)，从而获得对图形的确切感知。

(2)触觉方面：

3 岁幼儿触摸形体时，只是去抓握物体而不是抚摸；

4 岁幼儿则用一只手掌和手指的根部触摸，指尖不参与触摸；

5～6 岁幼儿开始时会用两只手触摸物体，两只手往往朝相反方向运动，最后用指尖连续地触摸感知形体的整个轮廓，从而获得对形体比较完整的感知。

内容小结

本章从幼儿心理发展的角度，分析幼儿在活动中的心理发展规律和特点。

我们可以从不同角度，分析幼儿游戏的心理，并把它分为不同阶段。从幼儿社会性行为发展的角度来看，游戏的发展经历了四个不同水平的阶段，即独自游戏、平行游戏、联合游戏和合作游戏；从认知能力来看，包括了练习性游戏、象征性游戏、建构游戏和规则游戏；从类型的变化来看，幼儿游戏又可分为未分化型、累积型、连续型、分节型和统一型。

游戏是幼儿期的主导活动。游戏给幼儿带来了多方面的体验，从而影响到他们的动作、智能、情绪以及社会性等方面的发展。在发展的进程中，幼儿游戏具有明显的性别差异，这种差异具体表现在玩具的选择、游戏的类型以及玩的时间等诸多方面，从而进一步影响到幼儿个性的发展。

幼儿的造型能力是与其心理水平同步发展的。教师可以透过幼儿在造型活动中的行为、情绪深悟幼儿的心理发展状况。

幼儿绘画能力的发展可分为涂鸦、象征、概念化和写实四个不同的阶段。涂鸦水平又分为三种，即无意识涂鸦、有控制涂鸦和命名涂鸦。尽管涂鸦带有纯粹游戏的性质，但它却是幼儿最初的学习活动之一；象征性绘画与幼儿的象征性游戏同期，它的发展与幼儿早期的具体形象思维水平密切相关；概念化(或图式化)的绘画，是幼儿期儿童多种心理水平综合发展的结果，具有许多独特的基本特征，其中，以自我为中心、泛灵论的倾向、现实和非现实相互交织，最为典型地、概括地反映了幼儿造型活动的特点。良好的美术教育对这一时期幼儿心理的发展具有特别重要的意义。

和绘画的发展一样，幼儿期的黏土造型和纸工造型，大致先后经历了无秩序阶段和图式造型阶段。这两种形式的造型活动，可以极好地丰富幼儿有关三维空间的经验，这种经验对在三维平面上表达三维物象的能力来说，具有不可低估的价值。

幼儿的音乐能力包括感受、理解音乐与表达音乐。幼儿对音乐的感觉和理解，是在倾听声音的过程中发展起来的。

幼儿歌唱能力的发展与许多因素是分不开的：除了各种器官(呼吸、发音、共鸣、咬字、监听等)在中枢神经系统的控制下互相配合、协调以外，还必须有回忆、再现、理解、想象以及情感的激发、体验、表达等一系列复杂的心理活动的参与和体态动作、表情等方面的配合。

幼儿韵律活动能力的发展是与其节奏感的发展同步的，可分为不合拍，尽量使自己合拍、轻松自如地合拍三个不同的阶段。演奏打击乐器的能力则在很大程度上依赖于幼儿的动作发展水平对乐曲性质的感受、理解以及韵律活动的水平等。音乐活动中的合作与协调，体现了音乐用来表达、交流情绪与感受的社会性，它对于幼儿音乐能力以及幼儿心理的发展，具有十分重要的意义。

幼儿对数学的学习不仅在于获得有关数、形的感受和粗浅知识，更在于形成对有关数量关系的初步理解，如数、形系统中的相对关系、可逆关系、互补或函数关系、类包含关系等。

幼儿对数、形等初步概念的理解先后经历四种不同的水平，即实物操作水平、直观形象操作水平、表象操作水平和符号操作水平。有关一一对应、守恒、序和类包含等概念的形成和发展，是幼儿获得初步数、形概念的重要基础。

幼儿初步数概念的发展历程：4 岁以前学会计数，初步理解数的实际意义；4～5 岁计数能力得到巩固，初步数概念基本形成；至入学前对数的关系的认识得到加强，数群概念初步发展。

幼儿初步形体概念的发展历程：首先是对几何形体的认识具有一定的顺序；其次对形、体的知觉发展经历了配对——►指认——►命名的过程；再次对形体与实物联系的认识，经历了由彼此等同到相互比较，到彼此区分开来的过程；最后对形、体的感知方法，特别在视觉和触觉等方面，不同年龄班的幼儿大不相同。

思考与练习

1. 从社会性行为的发展角度，阐述幼儿游戏的发展。

2. 举例说明什么是功能游戏、象征性游戏、建构游戏和规则游戏。

3. 举例说明什么是累积型游戏、连续型游戏和分节型游戏。

4. 结合见习观察，说明幼儿游戏的性别差异。

5. 运用自己的经验、有关资料或相互讨论，论述游戏对幼儿心理发展的价值。

6. 收集部分 4 岁前孩子的意愿画，并同他们进行交谈，然后论述涂鸦画对幼儿心理发展的价值。

7. 收集部分中班孩子的意愿画，并同他们进行交谈，然后说明象征期绘画的特点。

8. 收集部分大班孩子的意愿画，并同他们进行交谈，然后运用概念画期的基本特征全面评价这些孩子的绘画作品。

9. 在大班的绘画教学中，能进行初步的透视技法的教学吗？能进行有关写生的教学吗？请从幼儿心理发展的角度论证你自己的观点。

10. 收集部分大班下学期幼儿的意愿画，并同他们交谈，然后运用写实倾向期绘画的基本特征评价这些作品，看看有没有属于写实倾向期的作品。如果有，再从幼儿心理发展的角度，粗略说明这些孩子与同龄孩子的区别。

11. 阐述倾听声音的能力对感受和理解音乐的影响。

12. 说明幼儿期节奏的发展特点，并论述节奏对幼儿音乐活动的价值。

13. 说明幼儿园韵律活动与舞蹈的区别和联系。

14. 说明音乐活动中合作与协调能力的发展对幼儿心理发展的价值。

15. 举例说明幼儿生活中的相对关系、对应关系，并说明幼儿如何感知和体验这些数量关系。

16. 举例说明幼儿在理解、掌握数、量、形等方面的概念时所经历的四种不同的思维水平。

17. 举例说明幼儿守恒概念的发展。

18. 说明排序能力对幼儿学习数学的影响。

19. 举例说明哪些因素影响幼儿计数能力的发展。

20. 举例说明中、大班幼儿数概念的发展情况。

21. 举例说明幼儿期几何形体概念的发展情况。